人居环境景观

更新提质设计方法

谢湃然　阳敏　陈智斌　著

黑龙江科学技术出版社
HEILONGJIANG SCIENCE AND TECHNOLOGY PRESS

图书在版编目（CIP）数据

人居环境景观更新提质设计方法 / 谢湃然，阳敏，陈智斌著 . -- 哈尔滨：黑龙江科学技术出版社，2025.5. -- ISBN 978-7-5719-2789-9

Ⅰ . TU-856

中国国家版本馆 CIP 数据核字第 2025VK6912 号

人居环境景观更新提质设计方法

RENJU HUANJING JINGGUAN GENGXIN TIZHI SHEJI FANGFA

谢湃然　阳　敏　陈智斌　著

策划编辑	王　姝
责任编辑	陈元长
封面设计	王诺霖
出　　版	黑龙江科学技术出版社
	地址：哈尔滨市南岗区公安街 70-2 号　邮编：150007
	电话：（0451）53642106　传真：（0451）53642143
	网址：www.lkcbs.cn
发　　行	全国新华书店
印　　刷	哈尔滨午阳印刷有限公司
开　　本	710mm × 1000mm　1/16
印　　张	16.5
字　　数	235 千字
版　　次	2025 年 5 月第 1 版
印　　次	2025 年 5 月第 1 次印刷
书　　号	ISBN 978-7-5719-2789-9
定　　价	85.00 元

作者简介

谢湃然　　谢湃然，男，1966 年生，广东汕头人，本科学历，毕业于武汉城市建设学院，高级工程师职称、一级注册建筑师，现就职于广州市城市规划勘测设计研究院有限公司，任人居环境景观院高级总监；研究方向为风景园林、城市环境景观、建筑与城市设计。具有丰富的规划设计经验，熟悉公共景观的规划设计；擅长大型复杂的公共景观项目的策划、规划及设计。个人承担的课题多次获得国内外规划设计奖。

阳　敏　　阳敏，男，1986 年生，湖南攸县人，本科学历，毕业于华中科技大学，风景园林高级工程师，现就职于广州市城市规划勘测设计研究院有限公司，任人居环境景观院院长。致力于从宏观—中观—微观的各类城市空间和生态景观建设的关键技术研究，实现从"科研—策划—规划—设计—工程—运营"全流程的全技术覆盖，包括城市要素、蓝绿空间、品质更新、自然资源四大板块的专项规划、详细规划、标准指引和工程设计。

陈智斌　　陈智斌，男，1982 年生，广东广州人，硕士学历，毕业于华南农业大学，风景园林设计正高级工程师，现就职于广州市城市规划勘测设计研究院有限公司，任人居环境景观院副院长，现受聘为广东园林学会园林规划设计专委会常务副秘书长、广州市林业园林局专家库专家，中国风景园林学会会员。研究方向为城市重要地段重大工程建设、城市街区改造、现代商务区街区场地设计、老旧小区改造、碧带碧道、滨水空间、公园等规划和设计。

前　言

人居环境是衡量社会经济、文化发展变化的重要依据，在当前我国发展资源配置不断调整优化，地区产业、经济与生活要求不断提升的背景下，城乡发展面临着环境优化更新、品质提升与经济发展结构转型的双重困境。因此，优良、健康、可持续的人居环境景观建设是满足人居环境的自然条件、经济生产和人居活动空间三个部分相互融合支撑的基本要求，基于新形势下的现实需求和经济技术条件而展开的。当前，我国城乡人居环境景观建设在取得很大成就的同时，也出现了种种错综复杂的问题。随着房地产建设高峰期的结束，人居环境景观的改善将通过更新提质来实现。鉴于此，笔者编写了《人居环境景观更新提质设计方法》一书。本书以风景园林专业知识为理论依据，探索人居环境景观更新提质设计的内涵和方法，并结合当前科学的理论方法与实践成果，深入研究人居环境景观更新提质设计的策略和要点，创新人居环境景观设计的视角，建立具体可操作的景观设计方法。全书共分为三个部分：第一部分（第一章、第二章）为总论性内容，分析了人居环境景观的概念、构成、特征与发展趋势，介绍了城乡人居环境与景观设计及更新提质的基本知识。第二部分（第三章、第四章）为分论性内容，分别从空间形态类型和景观构成要素两个角度，介绍人居环境景观更新提质的设计策略和方法。第三部分（第五章）从景观规划设计的全程切入，介绍人居环境景观规划、建设、管理的全过程。

笔者长期供职于广州市城市规划勘测设计研究院人居环境景观院，在撰写本书的过程中，结合景观规划设计实践，参考了大量的文献和资料，在此对相关文献资料的作者表示由衷的感谢。

目　录

第一章 绪 论

第一节 人居环境景观概述

一、人居环境景观的概念

（一）人居环境

吴良镛在《人居环境科学导论》中将人居环境解释为人类聚居生活的地方，是人类生存活动密切相关的地表空间，它是历史发展到一定程度，人类在大自然中赖以生存的基地，是人类利用和改造自然环境的主要场所。无论是城市环境还是乡村环境，都是自然环境与人工环境相互依附并相互关联的人类聚居组成部分，城市聚居和乡村聚居之间也是相互联系和影响的，都需要完整地加以考虑和研究。

20 世纪 50 年代，在希腊学者道萨迪亚斯（Doxiadis）撰写的《人类聚居学》中，"人类聚居（人居）"一词被首次提出。"人居环境"是在人类聚居学和环境生态学这两大概念的基础上发展而来的，围绕着人类生活聚居的环境及其相互关系，综合了建筑学、地理学、社会学等，从一个侧面对人类聚居进行深入研究，将人居环境分为自然、人类、社会、建筑和支持网络五个要素，各种要素之间有多种组合方式，可以了解和掌握人类聚居的发展规律，发现和解决人类聚居中存在的问题，以创造更加良好的生活环境。

吴良镛吸收了 20 世纪 80 年代城市建设与规划学科的理念和方法，在 1993 年提出了"人居环境科学"。在当时的中国国情和科技背景下，吸取其他学科中关于人类聚居学的精华，开启了对城市聚居与乡村聚居的研究；结合政治、经济、社会、科技与文化等背景进行全面、系统的研究，构建了具有中国特色的人居环境科学体系，更好地掌握人类聚居的发展规律，建设更加符合人类理想的人居环境。

如今，人居环境科学的理论体系与各种学科交叉发展，各种科技手段不断涌现，人类的聚居需求日新月异，人居环境的研究范围不断扩大，人居环境景观显现出范围广、效益多、需求大的特点。在景观设计的**分域中，**自然环境、人工环境和人文环境是构成人居环境景观的三大要素，由这三要素入手营造或更新景观，让其充分发挥综合价值，成为景观营造的追求。学者刘滨谊从哲学三元论的角度分析人居活动、人居背景和人居建设，将景观营造提升至人类基本生存的要素层面，通过"人工＋人工自然＋自然"的三元结构研究，为明确景观营造在城市、乡村地区发挥的聚居作用提供了依据。在此基础上，景观的学科优势被纳入人居环境研究，并结合人居环境科学，将景观学转化为了可操作的系统学科。

（二）景观

景观（landscape）是指一定区域内呈现的景象。这一词最早出现在希伯来文版的《圣经》中，用于对圣城耶路撒冷美景（寺庙、城堡、宫殿）的描述。本书所指的"景观"，与我国习惯使用的风景园林、园林景观是相同的概念。但无论是东方文化还是西方文化，"景观"最早的含义都包含游赏体验和视觉美学，同汉语的"风景""风光""景色""景致"同义或近义。19 世纪初，景观作为一个科学名词被引入地理学。由于地理学领域的关注，景观不仅具有游赏体验和视觉美学方面的含义，还被引申为一个地域的形象特征，景观的概念开始涉及人与人、人与自然、人居环境发展与生态环境变化的关系，景观及相关学科步入科学化的研究轨道。

人类在不断改变着外在环境，环境又对人类产生不可忽视的影响。在人与环境的相互作用下，自然生态现象不断形成景观，因此带有自然因素的景观具有生态性。同时，人的意识形态不断物化为地表景观，这一特点使景观本身也具有了人文性。因此，景观具有生态性、人文性的特点，从而表现为时间性的和动态性的。

某种意义上来讲，景观概念是人创造的，景观环境是人类生产力的生产和再生产的基础条件之一。景观可以归纳为具有审美特征的自然景物和人工景物，它是复杂的自然过程和人类活动互相作用于地表的综合体现

（图 1.1.1）。景观除了包括客观存在并能被感知的外在事物，还包括人类对自然和文化的理解和体验，依附于景观之上的人文意义是景观形式的突出特征。如今的景观概念涉及地域文化、政治文化、生态文明、建造技术、艺术与美学等多个领域。

图1.1.1　宏观的人居环境景观

（三）景观设计

景观设计是指将景观作为对象和目的的技术活动及其成果的总称。景观设计是一种技术及相应的服务活动，是社会劳动发展到一定程度的产物。直观理解景观设计，即运用生态学、规划学、建筑学、环境艺术学、工程学等科学的手段，对局地景观的结构与形态进行具体配置与布局的过程。景观设计活动是人类不断寻求理想生活栖息地的过程，并形成了专门的学科。随着景观概念的不断丰富，以及人们对自然和自身认识程度的提高，景观设计的概念也在不断完善和更新，但其核心问题一直是关注人类的生存与发展，关注人与自然的关系。

狭义的景观设计主要是指对户外空间的建设，其中包括生态学、规划学、建筑学、环境艺术学、工程学等多方面的技术。人居环境景观设计以户外空间为主，具体包括城市公园绿地、广场、景区、街道与居住区环境，也包括以自然景观为主的空间类型，如自然山水、乡村田园、野外游径等。

在景观的设计和营造过程中，景观设计师通过创造性地运用景观设计方法，营造具有良好活动体验、文化体验与优越视觉感受的景观空间，形成特色的生存环境，使人们的生活品质、生态环境得以改善。同时，寻求科学合理的景观营造和更新之道，解决在人居环境景观设计中遇到的各种问题。

景观设计是一项专业技术，它是应用各种科技手段对各环境要素和活动需求进行整合协调，与一定的材料和工艺进行匹配构造，并付诸实施的过程。不能只对某一方面或者从某一角度进行景观设计，它涉及人与环境互动的所有要素。景观设计活动是对目标区域内各种景观要素的整体考虑和策划，包括显性景观要素和隐性景观要素。显性景观要素是指客观存在的实体，主要包括山水地形、动植物、路径与场地、建构筑物、设施设备等。隐性景观要素是指意识与感知，主要包括人文背景、地域文化、艺术认知和心灵感受等。这些要素又可分为自然景观要素和人工景观要素两大类。景观中的各要素相对独立，又共同作用于环境。景观设计要使人工建造物与自然环境协调呼应并和谐共存，目的是实现各要素的有机统一，这将决定使用者对人居环境景观的体验质量。除了实体要素，设计过程还涉及对传统文化、地域风俗、人文科学等非实体要素的考虑，这些因素决定了景观的文化内涵和社会价值，使隐性景观要素更好地满足人们的体验与感受。好的景观设计既能产生美观的实体空间，也要反映社会的价值观、伦理观和道德观。

二、人居环境景观发展水平

党的十八大以来，我国人居环境景观事业迎来蓬勃发展时期，各地结合"公园城市"建设理念和城市发展新范式，积极推动景观建设与更新，人居环境景观空间持续拓展、规模持续扩大，取得了显著成效，实现了城市生态环境、宜居品质的优化与改善。近年来，城市建设规模虽然不断增长，但增长率已逐渐趋缓，步入了从"有没有"向"好不好"的高质量发展阶段。

如何引领人居环境景观高质量发展，更好地发挥景观的生态功能、社会功能、文化功能，成为当下的重要课题。

（一）中国古典园林

中国古典园林作为典型的人居环境景观，在世界上具有突出的地位，是中国文化的典型代表之一。本书主要研究人居环境景观，所以主要就其中的皇家园林、私家园林进行阐述。

中国古典园林是不同历史时期形成的景观精品，皇家园林、私家园林遗存的实物和文献分别代表各个时代人居环境景观设计的优秀案例，它是当时的文化、技术与人居环境景观的结晶，但是也存在着认知与科学等方面的局限性。中国古典园林作为中华文化的代表性遗产之一，对于当下的人居环境景观设计具有历史意义和现实意义。

1. 皇家园林

皇家园林隶属于皇室，为皇帝私人独有的人居环境。魏晋南北朝以后，宫廷生活愈加丰富多样，在皇家园林的设计上也出现了很多功能上的变化。皇家园林可以分为大内御苑、行宫御苑、离宫御苑等多个种类。其中，大内御苑一般修建在皇城之中，供皇帝和嫔妃起居之用（图1.1.2）；行宫御苑和离宫御苑多修建在距离皇城有一段距离的风景区内，这样皇帝可以专门抽出时间在此休息和居住（图1.1.3）。

从物质环境层面来看，皇家园林代表着极致奢华的享受和尊贵的体验；从文化层面来看，皇家园林则代表了当时的政治价值导向和文化艺术成就。

皇家园林与历代皇朝所在地一样，多出现在北方，通常被称为御苑、宫苑、苑、园囿等。中国古代社会等级森严，大致可分为帝王、贵族、官僚、缙绅、平民、乡野六个等级。其中，与帝王、贵族生活起居有关的宫、殿、府等建筑的总体风格和布局都彰显着尊严、气派和奢华。皇家园林在利用山水风景的同时，对整体格局、造型体量、用材与工艺等都要慎重选择，力求凸显至高无上的皇权，以及皇室的高贵与气派。同时，皇家园林也广泛吸收私家园林的艺术精华，使得宫廷造园达到无可企及的水准。例如，清代的谐趣园就是仿无锡的寄畅园建造而成的。

图1.1.2　皇家园林（北京颐和园）

图1.1.3　皇家园林（承德避暑山庄）

2. 私家园林

私家园林通常为贵族所有，在很多历史典籍和影视作品中提到的草堂、山庄等，都属于当时贵族、缙绅的私家园林。

园林作为一种较为奢华的生活方式，通常受到等级制度的限制。因此，不管是在规模格局上，还是在具体的环境形式上，都不能有僭越皇家园林之处。私家园林通常被称为山庄、园墅、池馆，也就是按照宅邸主人的身份，修建园林供其起居、游赏、宴客之用（图1.1.4、图1.1.5）。通常情况下，私家园林的规模不会太大，一般都是紧邻家宅修建而成，呈现出"前院后宅"附带园林的格局，如苏州的拙政园、狮子林等；有些园林修建在家宅的旁边，被称为"跨院"，苏州的退思园就是如此；还有一些园林是单独修建的，距离宅邸有一定的距离，被称为"别墅园"，庐山的白居易草堂就是别墅园中的典范。

图1.1.4 私家园林（广州余荫山房）

图1.1.5 私家园林（北京可园）

第一，物质环境：私家园林具有优越的自然条件。

地理与气候：江南地区四季分明，气候湿润，降水量充足，这为园林中花草树木的生长提供了得天独厚的条件。在地形上，北方以平原为主，南方有山地丘陵，为园林设计提供了丰富的地貌变化。

水资源：江南地区河道纵横，湖泊众多，这为园林中的水景设计提供了充足的水源。溪流、水池、瀑布等水景元素随处可见，不仅增加了空间的丰富性、意境的灵动性，还起到了调节小气候的作用。

植物与材料：南方的气候条件适宜常绿树木和花卉的生长，使园林植物景观拥有丰富多彩的色彩元素；南方还盛产石材与陶土，使园林建筑的造型变得灵巧多样，并且拥有叠石堆山的独特景观。

此外，私家园林凭借细腻的生活体会，与灵活的建筑布局相糅合。在布局上通常采用曲折多变的手法，将有限的空间划分为多个功能区域，如社交区域、生活区域和休闲区域。这种布局方式既满足了园林主人的不同需求，又使得园林空间更加丰富和深邃。

私家园林运用精巧的建筑工艺，在园林中创新出多样的建筑形式，如亭、廊、舫、榭、阁、楼等。这些建筑不仅具有实用价值，还通过其精美的造型和巧妙的布局成为园林中的重要景观。

第二，文化层面：私家园林具有深厚的人文底蕴和独特的艺术风格。

历史积淀：江南地区自古以来经济繁荣，手工业发达，吸引了很多官吏、富商和文人士大夫，他们在积累物质财富的同时，也带来了丰富的文化积淀，为园林的建造和发展提供了深厚的文化底蕴。

哲学思想：儒、释、道思想对私家园林的建造产生了深远影响。道家思想中的"天人合一"观念，在园林的设计中体现为追求人与自然的和谐共处；儒家与禅宗思想，则使得园林成为文人墨客寄托个人志趣和寻求心灵慰藉的场所。

园林艺术：私家园林以模仿自然、追求自然山水之真趣为特色。园林中的山水、植物、建筑等元素经过精心设计和巧妙布局，形成了一幅幅优美的山水画卷。这种园林艺术风格不仅体现了造园者的审美情趣和艺术造诣，也反映了中国传统文化中对于自然美的追求和向往。

第三，人居环境体验：私家园林具有舒适宜人的环境。

居住属性：多数的传统私家园林依附人居建筑而建，与人居生活紧密联系，与居住建筑共同构成独特的人居环境景观。

生态调节：园林中的植被和水体具有良好的生态调节功能，能够调节小气候、净化空气、降低噪声等，使得园林具有舒适宜人的居住环境。

景观优美：园林中的山水景观、植物景观和建筑景观相互映衬、相得益彰，为居住者提供了丰富的视觉享受和精神追求。

社交娱乐：私家园林不仅是居住场所，还是社交娱乐的重要场所。园中的亭台楼阁、水榭画舫等建筑为居住者提供了休闲娱乐和社交活动的空间。

文化体验：园林中的诗词歌赋、碑刻字画等文化元素，使得居住者在欣赏美景的同时，还能够感受到浓厚的文化氛围和历史底蕴。

综上所述，私家园林在居住属性、生态环境、文化层面和人居文化体验四个方面都表现出了独特的魅力和价值。这些私家园林不仅是中国传统文化的瑰宝，也是人居环境景观设计的典范。

（二）西方传统园林

在世界范围内，西方园林景观聚集了人们对人居环境的理想和创造，与其他形态的文化、技术一样，对人类的生活产生了深刻的影响。西方传统园林主要反映了人们在具体的自然环境、社会文化背景、经济技术条件下对不同人居环境景观的创新成果（图 1.1.6）。

近代以来，西方由于科学技术与产业经济的发展较早，其人居环境景观建设比较完善，文化特点也与我国不同。在全球化时代，了解西方传统园林，审视西方的人居环境景观，对于我国的人居环境景观设计十分有益。

图1.1.6　西方园林（巴黎凡尔赛宫）

1. 西亚园林

西亚园林是一种较为特殊的园林形式，在形成过程中受到波斯文化和阿拉伯文化的双重影响。西亚园林覆盖范围极广，横跨欧亚大陆，从西班牙一直延伸到印度，在世界园林三大体系中独树一帜。

（1）古埃及园林。古埃及不仅孕育了欧洲文明，在当时特殊的自然环境下，其造园风格也非常有特点。资料显示，埃及在公元前3000年就已经建成了神殿、宫苑和众多的庭院。埃及地处赤道附近，气候非常炎热，所以极为重视对水和树木的利用。总的来说，古埃及园林有以下三个特点。①园林要素呈几何式布局：有规则的道路、几何形的花坛等；树木整齐栽植、院落建筑规则呼应。②园林构成注重实用性：设置水池以服务生活、改善小气候为目的，种植植物以增加阴凉、避暑为目的。③园林主题宗教色彩浓郁：园林围绕宗教主题展开，总体结构庄严肃穆，大型的园林中设有金字塔、狮身人面像等宗教建筑物。

（2）古巴比伦和波斯园林。公元前6世纪，古巴比伦的空中花园横空出世，被列为"世界七大奇迹"之一。空中花园是有史以来最早的屋顶花园，层层露台皆为金字塔形，以石拱支撑，石拱之下设有各种房间、洞窟。露台之上种植了各种奇花异草，还设有专门的提水装置，这样就能对花草进行灌溉。从远处看，整个露台好像悬在空中一样，因此得名"空中花园"。

古巴比伦于公元前2世纪衰落，波斯园林艺术逐渐发展起来，成为西亚园林艺术的中心。波斯园林的庭院设计主要是以伊斯兰教所描述的天堂为蓝本。波斯人将《古兰经》中提到的水、乳、酒、蜜四条河流幻化成四条主干渠，与周边的水池相连，呈十字形，将庭院均等地划分为四个方块。院内遍布花草，周边设有围墙，庭院内的建筑物较为开敞，通风性好。整个园林文化气息浓郁，成就了当时伊斯兰园林独有的建造风格。而这一风格也被后来的阿拉伯人继承下来，著名的泰姬陵就是其中的典型建筑。

2. 欧洲园林

欧洲园林在世界园林体系中具有举足轻重的地位，传播范围极为广泛，对社会产生了深刻的影响。

（1）古希腊园林。古希腊园林艺术源自波斯，在西亚园林风格的影响下，古希腊园林的布局方正、规整，园中柱廊环绕，中庭宽阔敞亮，设有喷泉、雕塑，并种植蔷薇、百合等花木。建筑物依照地形特点进行修建，加以花草树木映衬，园林景观初具规模，同时又带有浓厚的宗教色彩，当时较为知名的园林都修建在圣地和竞技场的周边。

（2）古罗马园林。古罗马园林在古希腊园林的基础上加以演化，发展出了山庄人居生活的园林。因为当地的地势起伏，所以很多庄园只能修建在坡地上，人们将坡地平整成不同高度的台地，使用挡土墙和台阶将各个台地联系起来，建筑一般都会修建在最上层的台地上，这样就可以凭高望远，领略整个庄园的秀美景色。园林也是庄园建设的一个部分，其布局和规划都有着明显的特点，花草树木被修剪成各种形状。古罗马对水非常重视，在造园过程中，不管是庭中还是园里都离不开水。古罗马园林既营造了一种生活环境，也体现出较高的艺术价值，古罗马时期是西方园林建筑史上的一个鼎盛期。在不断的演化中，古罗马出现了住宅和园林相互融合的园林别墅，这也是西方建筑艺术的一大创举（图1.1.7）。

图1.1.7　西方园林（罗马威尼斯广场）

（3）意大利园林。意大利园林延续了古罗马园林的人居生活特点，在布局上通常选用规整式结构，但不会凸显中轴线。园林一般被分为两半：一半贴近建筑建成花园；另一半位于花园之外，修建成林园。沿着地势形成的坡地被平整成一层一层的台地，由一条自上而下的主轴线贯通，与每层的台地相交叉。这个位置会根据地势设置喷泉、水池或凉亭，作为每层台地的中心。周边的布局会根据中心位置及主轴线，按照规定的图形铺展开来。几何形的花圃上种植着修剪整齐的树木，边上围绕着直线形的绿植篱笆，主轴线较为明显。精心修葺的台阶、喷泉、雕塑是驻足停留的休憩之所，也是迎接来宾的地点。主轴线的两端设置了明确的收尾对景，其尽头是位于园林最高点的建筑，它是整个园林的核心，造型庄严肃穆，可以俯瞰所有的景致。

（4）英国园林。随着英国资产阶级革命取得胜利，人们开始重新审视人与自然的关系，也认识到人和自然之间是平等的。18世纪后期，社会上针对规则式园林出现了很多批评之声，根本原因就是这种园林风格忽视了自然环境的原有风貌。同时期，欧洲文学领域出现了浪漫主义运动，推崇自然和谐的隐性景观要素，这也对当时的造园风格产生了不小的影响。英国否定了规整的显性景观要素做法，摒弃了长期以来的唯美主义园林风格，开始采纳中国古典园林的艺术风格，减少人工对植物的修剪，维持自然草地、河流及花草树木原有的特征，开启了自然风景造园的新时代。在一定意义上，自由曲线在西方园林中的大规模使用就是从英国园林开始的，这样的园林风格给西方园林艺术带来了一缕轻松的自然风。

（三）现代园林景观设计

19世纪末至20世纪初，随着西方工业化程度日益提高，经济产出和社会文化出现剧烈变化，在文化艺术领域也出现了一场现代主义运动。这一场摒弃传统刻板做法的社会思潮，来势汹汹地席卷了几乎所有领域，建筑与景观建设也不例外。在现代艺术与建筑理念的碰撞中，园林景观也受到很大的影响。现代园林景观不管是在服务对象、表现形式、实用功能、思想内容上，还是在材料与工艺上，都与传统园林有着本质上的差别。现代园林景观从当时的艺术内涵和建筑理念中汲取灵感和养分，不断地调整着自身的设计思路和表现形式，主要体现在以下四个方面。

第一，坚持公共优先的大众服务。现代园林景观的最终服务对象是广大民众，在设计中也要坚持以人为本、公共优先的思想，对民众的实际需求进行充分考虑。

第二，提倡形式与功能的完美结合。采用形式追随功能的理念，建造现代园林景观的主旨就是满足人们的休闲娱乐需求，在具体的设计过程中，要注意其功能性，避免形式和功能之间出现脱节。

第三，要求园林景观与自然环境进行融合。现代园林景观是在经济发展和城市化进程不断推进的过程中出现的，与城市环境息息相关。因此，园林景观风格要与城市的特点相匹配，同时还要维持协调的、自由的室外空间环境，这样才能符合各个年龄段、不同人群的多样化需求。

第四，不能忽视空间的概念。空间的概念首先出现在建筑学领域，现代园林景观引入了这一概念，在园林景观设计中强化了空间的功能性和流动性，并将空间的概念融入设计当中。

（四）近现代西方的人居环境研究

人居环境概念一直蕴含在西方的现代城市规划学中。20 世纪 50 年代，希腊学者道萨迪亚斯创立了人类聚居学后，开始了对人居环境的系统研究。在发展过程中，不同学科的专家纷纷加入研究的行列，不断地丰富人居环境学科的内涵。国外人居环境研究大致可以归纳为四个主要学派，即城市规划学派、人类聚居学派、地理学派和生态学派。

1. 城市规划学派

城市规划学派的人居环境研究始于 19 世纪末至 20 世纪初，以霍华德（Howard）、盖迪斯（Geddes）、芒福德（Mumford）等人为代表，从城市规划角度开创了人居环境研究的先河。

19 世纪末，霍华德在《明日：一条通向真正改革的和平道路》中提出"田园城市"（garden city）的概念，以创新性的人居环境样式作为城市建设的理想，以城乡二者兼有的优点，以及自然与人工并置的特点，使城市生活与乡村生活、自然环境像磁体一样相互吸引、共同结合，这个城乡结合体就是田园城市理想化的景观。田园城市理论建立的城市构架，试图从"城市—乡村"这一层面来解决城市问题，把城市更新改造放在区域的自然基础上，从而跳出"就城市论城市"的传统观念（图1.1.8、图1.1.9）。

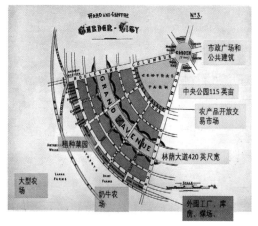

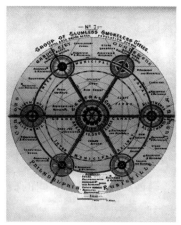

图1.1.8　田园城市（概念平面1）　　　图1.1.9　田园城市（概念平面2）

盖迪斯从生物学着手，进行人类生态学的探讨，研究人与环境的关系、现代城市成长和变化的动力，以及人类居住与地区的关系。他提倡的"区域观念"，强调把自然地区作为规划的基本框架，即分析地域环境的潜力和限度对居住地布局形式与地方经济体的影响，突破了城市的常规范围。盖迪斯还提出了著名的"先诊断后治疗"理念，由此形成了影响至今的现代城市规划流程的模式——"调查—分析—规划"（survey–analysis–plan），即通过对城市现状的调查，分析城市未来发展的可能性，预测城市中各类要素之间的相互关系，然后依据这些分析和预测，制订规划方案。

芒福德在城市规划方面做出了创造性的贡献，他注重以人为中心，强调以人的尺度为基准进行城市规划，并提出影响深远的区域观和自然观。芒福德抨击了大城市的畸形发展，把符合人的尺度的田园城市作为新发展的地区中心，他认为"区域是一个整体，而城市是其中的一部分"，只有建立一个经济文化多样化的区域，才能综合协调城乡发展，并且主张大中小城市结合、城乡结合，以及人工环境与自然环境结合。

以上三个城市规划的先驱者为城市规划奠定了良好的基础，对以后的"光明城""卫星城""有机疏散""邻里单位"等理论研究产生了深远的影响。

2. 人类聚居学派

以道萨迪亚斯为代表的人类聚居学派脱胎于城市规划学派，并逐步形成独立的学科体系，在人居环境发展过程中发挥着不可替代的重要作用。人类聚居学是道萨迪亚斯提出的，强调把包括乡村、城镇、城市等在内的所有人类住区作为一个整体，对人类住区的要素（自然、人类、社会、建筑、支持网络）进行系统的研究。1950年，道萨迪亚斯创办了雅典人类聚居学研究中心（Athens Center of Ekistics），1955年创办了《人类聚居学》杂志，对促进全世界人类聚居学研究起了很大的作用。1963年，道萨迪亚斯组织召开了关于人类聚居问题的国际讨论会——台劳斯会议，会后发表了《台劳斯宣言》。两年后，他倡议成立了世界人类聚居学会（World Society of Ekistics），这是国际上首次将人类聚居环境作为研究对象而成立的学术团体。道萨迪亚斯在长期的城市规划实践中，对20世纪以来出现的一些问题进行了深刻的反省，创立了人类聚居学。20世纪下半叶，人类聚居学作为一门综合性的学科在国际上逐渐确立，在20世纪70年代曾风靡一时。

近年来，国际上为促进人居环境科学的发展进行了大量的工作，成立了许多学术机构和国际资助项目。尽管在实际工作中的难度较大，学术观点也见仁见智，但人居环境科学的发展已经受到了普遍的重视。

3. 地理学派

从研究内容出发，地理学研究的核心是人地关系。在人地关系中，人类活动和地理环境相互作用，关系错综复杂，可以通过最能体现人地关系本质的联结点剖析人地关系的主要问题。

人居环境是人类生产和生活的主要场所，是人地关系矛盾集中和突出之处，因此可以说人居环境是人地关系最基本的联结点。地理学派多从空间的角度研究住宅建设的区位，以及空间组织与规划等问题。国外城市地理学家注重研究技术的发展对城市空间形态的影响，以及对居住区位的影响。例如，杜能（Thunnen）的农业区位论研究了居住空间结构形成的机制，克里斯特勒（Kristeller）研究了居民点空间分布的中心地等级体系，等等。西方地理学家对城市人居环境的研究主要包含在城市空间结构研究中，重要领域包括住宅与房地产，并形成了专门的住宅地理学（geography of housing）。

4. 生态学派

生态学是一门关于"家"的科学，显然生态学与人居环境学有密切的关系。生态学派以人类生态学为理论基础，重点研究居住空间结构。目前，人居环境的生态学研究涉及区域、城市范围内自然要素的全面研究，更倾向于面状的土地或景观。在现有的人居环境生态学理论研究中，有三种比较典型的方法，即道萨迪亚斯的人居环境分类、奥德姆的生态系统利用分类与德国的景观利用规划分类方案。无论采取哪种方法，其目的都是利用生态学原理，认识和分析自然要素的类型及发生规律，探寻符合自然规律的人居环境组织方式。1973 年，在德国法兰克福召开的城市专家小组会提出，从系统的、整体的角度来研究城市系统，其主要目的是研究人类生活与环境之间的复杂关系，研究城市居住区与农产品供应之间的相互作用，为合理规划人类住区打下基础，这是首个从城市生态学的角度来研究人居环境的学术活动。芝加哥（人类生态）学派的创始人帕克（Park）等将生态学原理中的竞争、淘汰、演替和优劣用于城市研究，从社会学的角度研究城市空间结构，创建了著名的三大经典城市空间结构模式，对城市人居环境的居住空间分异进行了重点描述，反映了现代城市社区空间演进的一般规律，并系统地以因子生态分析法取代了以往的社会区域分析法。

生态学家还以生态学理论为基础，提出了理想的人居模式——生态城市的概念。苏联城市生态学家杨尼斯基（Yanitsky）于 1987 年提出了"生态城市"的模式，指明了住区发展的方向，认为生态城市就是按照生态学原理建立起来的一类社会、经济、自然协调发展，物质、能量、信息高效利用，生态良性循环的人类聚居地，即高效、和谐的居住环境。雷吉斯特（Register）持类似观点，他认为生态城市即生态健全的城市，是紧凑、节能、自然和谐、充满活力的聚居地，其中自然、技术、人文充分融合，物质、能量、信息高效利用，人的创造力和生产力得到最大限度的发挥，居民的身心健康和生态环境得到保护。

近现代西方的人居环境研究，以居住者的空间需求为核心，关注安全保障、生活设施、公共服务、生态与卫生环境、景观风貌与文化、法规与建设管理等几个方面。自然界是人类社会绵延不断、代代相传的必要条件，是人类能够安身立命的根基。作为自然界长期进化发展的产物之一，人类参与自然生态系统的物质和能量循环，并作为生命有机体构成了自然界非常重要的一环。所以，人与自然形成生生不息、环环相扣的循环链条，是普遍联系的有机系统。

越来越多的生态危机发生，人类以自己的个人意愿改造环境，这种狭隘的思想对人与自然环境的和谐共生造成极大的破坏，也对人类社会产生了威胁。人居环境要想实现可持续发展，需要从人居环境理念入手，树立人与自然平等的理念。人居环境建设的动力，归根到底就是人们对理想生活环境的向往。在西方，"实用理性"在过去一直受人们的重点关注，因此促进了"生存人居"的发展，取得了辉煌的成就。人们不断地追求着自己心中理想的居住环境，理想的人居环境不仅要满足"生存人居"，更要实现可持续发展，要系统、长远、客观地看待和思考一切事物，融合人居理想和理性；需要依靠使用者、建设者们去探索，创造性地解决实际问题，逐步从"生存人居"中创造"理想人居"。

第二节　人居环境景观的困境

中国人口多、地域广、气候差异大、区域文化多样，再加上近年来经济快速发展，城市化进程加速，人口迁移规模日益庞大；在城市化进程的后期，人口结构变化带来新的需求，从而给人居环境景观建设带来了巨大的挑战。

一、经济增长与生态保护的冲突

自然生态环境系统是生产生活空间的物质载体和环境基础，是人居环境可持续发展的先决条件，生态功能的维系不可或缺。美好的人居环境离不开良好生态环境的支撑和保障，然而，当前某些地区的建设仅注重经济发展，忽略了环境问题。由于缺少科学理论的指导，自然环境破坏、人居环境恶劣、资源效益萎缩等问题层出不穷，如乱砍滥伐植被、肆意使用水泥铺砖、盲目修剪植物景观等。

工业、农业、生态的布局不合理，加之管理不善，水资源的污染和浪费问题突出。随着机动车数量剧增，空气污染问题突出，严重影响人居环境。景观的基质受到严重破坏，并对景观的适应性和生态性提出了严峻的考验。

我国现在面临的生态环境总体状况是资源开发活动严重破坏生态环境，生物多样性减少，天然森林质量退化、人工森林品质不高，等等。另外，还包括南北方水资源失衡，大地风化侵蚀严重，北方沙尘暴频发，西部江河源头区生态质量下降，水源涵养区功能衰退，各地旱涝灾害频发，湿地面积减少、功能退化。

二、城乡发展与乡村建设失衡

党的二十大报告从"全面建设社会主义现代化国家、推进人与自然和谐共生的现代化"的战略高度，将"城乡人居环境明显改善，美丽中国建设成效显著"列入未来五年的主要目标。可见，城市和乡村的人居环境景观是美丽中国的重要组成部分。但是，从我国乡村现状来看，乡村产业结构比较单一，第二、第三产业规模偏小，导致经济实力和服务能力不及城市，对乡村的带动效果不明显。城乡基础设施建设配置失衡，对乡村基础设施建设投入不够，区域发展不平衡，广大乡村地区人居环境的可持续发展受到制约（图1.2.1、图1.2.2）。

图1.2.1　城市和乡村人居环境差距悬殊（破旧村落）

图1.2.2　城市和乡村人居环境差距悬殊（城中村）

三、有限资源与低效利用的矛盾

人民群众对美好生活的向往是一个不断进步、不断提高的过程，这是社会发展的不竭动力。随着时代的发展和社会的进步，人们对人居环境的要求也在不断提升。然而，城市的发展不能像摊大饼一般无节制地蔓延，城市的扩张必须建立在可持续发展的基础上，注重资源的合理利用和生态环境的保护，以及老城区的更新。因此，城市需要注入新的活力，以适应人民群众对美好生活的不断追求，包括推动城市更新、改善老旧小区的居住环境等。另外，城乡存在不平等的土地制度。现行土地制度采取所有权和使用权相分离的方法，乡村主要实现形式是家庭联产承包责任制。土地利用方式与集约化、规模化和社会化生产的要求产生一定的矛盾。现有的土地制度也造成土地资源的低效利用和严重浪费，间接制约了乡村人居环境的发展。

四、区域文化特色与人居环境失联

文化特色是人居环境景观的重要组成部分，区域文化是展示当地精神面貌的重要基础。作为人居环境存在与发展的重要文脉资源，区域固有的历史文化、民俗传承丰富了人居环境的内涵，是延续人居环境与人的精神生活的纽带。

我国人居环境地域广泛，各地人文风俗不同。城市的文化、教育、科技水平较高，社会公共事业建设较快；而广大乡村地区人们的文化水平较低，思想比较保守，这就造成了城乡人居环境景观的质量和特点差异较大，根据景观具有人文和生态两大方面的特点，不能简单地说广大乡村地区的人居环境景观条件都落后。就景观营造而言，城乡人居环境各有长处和潜力，其景观更新提质显示出明显的不同。

现代工业化模式与人们需求的个性化形成冲突。随着信息传播方式的发展和进步，这一冲突正在加剧，导致城市景观的建设模式和特点误导了乡村景观的走向。盲目模仿城市景观冲击了地方固有的文化，导致乡村独特的景观逐步被工业化模式取代。各地景观形式趋同，乡村风貌逐渐消失，本土特色淡化，乡土文化也被人们遗忘。因此，景观设计应遵循城乡特色协调发展理念，使城市和乡村各自的景观特色鲜明地体现出来。当景观的人文性和生态性得不到合理协调，以及地域文化特色与人居环境失去联结时，才会出现低质的景观。

第三节　影响人居环境景观的因素

一、政治因素

政治因素历来对城市的形成和发展起着重要的，甚至是决定性的作用。自秦代实行郡县制以来，我国便形成由都城、郡府、县府和小城镇组成的完整的城市体系。其中，多数城市不是经济发展的必然产物，在其成长过程中，政治因素充当了催化剂的作用。

我国人居环境建设明显与社会政治发展息息相关，党和国家关于人居环境改善的相关政策，能够有效提升人居环境景观品质，引导城乡规划和建设的发展方向。政治体制改革已经对城市人居环境建设产生了深刻的影响，如中华人民共和国成立以来召开的四次中央城市工作会议，建立了我国城市规划的基本架构。2018年，中共中央办公厅、国务院办公厅印发《农村人居环境整治三年行动方案》，明确提出强化政策支持，包括加大政府投入、加大金融支持力度、调动社会力量积极参与、强化技术和人才支撑等方面。2019 年，中央一号文件围绕抓好《农村人居环境整治三年行动方案》落实，从资金投入、金融支持等方面明确了一系列支持政策。通过制定和实施相关政策，政府可以明确城乡人居环境建设的目标和重点，推动城乡人居环境景观的优化提升。

二、文化因素

城市是人类聚居密度最大的地域。千百年来，人类社会的发展和人类智慧的进步为城市创造了丰富的人文景观风貌，赋予了人居环境多彩的文化生活。不同的文化和宗教影响着人居环境景观的特色，如清真寺的大穹屋顶、天主教堂的尖塔等。不同习俗的民族生活于同一座城市中，形成了丰富多彩的生活方式。各民族不同的生活习惯、别具情趣的节日活动，为城市增添了多姿多彩的文化趣味，丰富了城市的动态景观。随着时代的发展，文化成为人居环境景观的重要组成部分。

三、经济因素

城市人居环境以人为核心，以建筑物为基础，是人们居住、生活、工作、学习和娱乐的空间，受到经济和产业结构、城市基础设施、人口结构等条件的制约。城市的总体经济实力直接影响城市人居环境。经济实力雄厚的城市，用于城市建设的投入多，配置标准高，城市人居环境景观优美而舒适。

四、自然环境因素

人居环境处于自然环境的包围之中，它们相互交融、相互影响和相互制约，是对立与统一的关系。自然环境为城市人居环境提供土地、生物等景观建造资源，决定着区域发展的性质、规模和历程。与人居环境景观直接相关的地质地貌、气候水文、土壤植被等多种自然条件，制约着人居环境空间及表现形态，影响着居民的生产与生活方式，塑造着居民的文化习俗，从而展现出相应的景观。

五、城市空间因素

人居环境是现代城市的主要构成部分，新城建设及旧城更新也会带来相应区域的人居环境景观的发展变化。因此，需要对城市空间中的效果因素进行甄别，从而为人居环境景观的设计找到关联条件和协调关系。

地域的自然地形条件是人居环境景观空间组织的基础。在城市，居住人口高度集聚，这种集聚性在地域上表现为一个整体的、连续的形式，人居环境景观设计与其规划的意图紧密相关，甚至超出自然因素的制约和影响。人居环境也必然融入城市空间系统关系，大多数城市的人居环境空间受制于人为的规划。例如：中国古代城市，特别是都城，以行政意志出发而建造；西方众多城市，如华盛顿、巴西利亚的规划等均为轴对称布局，直接影响相应的景观形式。

六、景观自身因素

人居环境景观因尺度不同，在我国被称为自然风光、城乡景色、造物景致等，形成不同的景观因素。把景观因素视为人工与自然两大因素较为直观，山水与地形、植物与动物、道路与场地、建筑与设施，甚至气象与天象共同构成景观，成为景观自身的因素。人工因素与自然因素既相互影响，又相互制约，二者完美协调、恰当利用是保障景观质量的基本要求。再加上人的活动这一动态的因素，可以创造出更加优美的人居环境景观。

充分发挥景观自身因素，必须善于对地形、地貌加以分析研究，善于处理杂乱无章的因素，善于运用意境并激发人们的兴趣。例如，武汉的黄鹤楼，登楼远眺浩浩长江，使人心旷神怡，诸多文人吟诗赋词，留下无数墨迹与传说。

从空间形态上来看，景观自身因素由点、线、面构成，形成了区块型的森林、街区、公园、广场、小绿地等"面"状景观，形成了廊道型的溪流、道路、绿廊、幽径等"线"状景观，更有地标、景点、池塘等"点"状景观。

通过协调点、线、面景观与城市景观，促进人工景观与自然景观的统一，可以为人居环境景观添彩，满足人们对美好生活的向往的需求。

第四节　人居环境景观的构成与特征

一、人居环境景观的构成

分析人居环境景观的构成与特征，将其分为人工景观与自然景观两种模式较为直观。当然，也存在两种模式混合交融的状态，但其构成元素不会有变化。

（一）自然环境

1. 地形

地形是指地表呈现出的高低起伏的各种状态。地形是外部环境的地表要素，是其他诸要素的基础和依托，是构成整个外部空间的骨架。地形布置和设计的恰当与否，会直接影响其他要素的作用。地形可以分为大地形（如山谷、高山、丘陵、平原）、中地形（如土丘、台地、斜坡、平地、台阶、坡道）、微地形（如沙丘的纹理、地面质地的变化）。

（1）景观设计中地形要素的意义和重要性。

①作为环境设计的基础要素，联系其他环境景观因素。

②决定了某一区域的美学特征，如山地景观、平原景观等。

③影响环境景观的空间构成和人在空间内的感受。

④影响功能组织、布局安排，以及排水、小气候和土地等的使用。

（2）地形的类型。从形态上来看，地形可以划分为以下几种。

①平坦地形。平坦地形在视觉上与水平面平行，是最简明、最稳定的地形，开阔空旷，容易让人产生舒适感和踏实感，但缺少空间层次和私密场所。平坦地形的视觉特征给人以宁静的感觉，其多方向性特点给设计带来更多的选择。

②凸地形。凸地形是指带有动态感和进行感的地形，可以成为环境中的焦点和占支配地位的要素，在空间上能够作为景观标志或视觉导向。因此，凸地形是呈外向性的地形，具有视线外向和鸟瞰作用，可以为观察周围环境提供更广阔的视野。

③凹地形。凹地形是指呈碗状的洼地，与凸地形相连，其空间感取决于周围的坡度和高度。凹地形具有内向性、分割感、封闭感和私密感，不易受外界干扰，可使处于该空间的人集中注意力。凹地形有较好的围合空间，其良好的内向性和封闭性适合设计表演剧场；同时，可以避风沙，有良好的小气候。但是，凹地形处往往是汇水的区域，在设计时要重视解决排水问题。

④山脊。山脊是近似凸地形的地貌形态，但相对于凸地形来说，山脊的区域范围及尺度更大，有着更多的视点且视野效果更好。位于山脊线或平行于山脊线的地带大多是方便易行的区域；同时，山脊线具有导向性和动势感，可以引导视线，而且具有空间分隔作用，可以作为分割区域边缘的自然限定要素（图 1.4.1）。

图1.4.1　多山地区的人居环境景观

⑤谷地。谷地综合了凹地形的形态特点，同时像山脊地形一样呈线状，并且具有方向性特点。许多自然运动形式，如溪流、河流等，都处于谷地区域，因此景观活动相对容易产生。然而，谷地往往属于敏感的生态和水文地域，所以在谷地的规划设计中，避开生态敏感的区域非常重要（图1.4.2）。

图1.4.2 谷地区域的人居环境景观

2. 气候

气候现象本身就是一种景观。例如，春日春暖花开、生机盎然的田园景致，夏日的云彩与树荫凉风，秋日秋高气爽及迷人的落叶景色，冬日纯洁壮丽的雪景，以及明月、流星等。

（1）气候的自然特征。气候最显著的自然特征是季节和日间温度的变化。这些特征随纬度、经度、海拔、日照强度、植被条件，以及水体、气流、积冰和沙漠等影响因素的变化而变化，形成地理性的气候系统。

阳光的日照变化对景观的规划和设计具有显著意义，一天和一年中随着日照、天气、气候的变化，所带来的自然景观也是不同的。不同区域的气候也造就了不同的自然景观特征，如青藏高原雄伟广袤的高山草原与桂林漓江的秀山秀水，地理上的差异带来了气候的不同，所呈现出的自然景观也完全不同。

（2）气候的社会特征。气候是人居环境的重要因素，直接影响人们的身体健康和精神状态。不同地域气候下形成的特定区域的人的行为，反映在特殊的生活习惯、饮食习惯、衣着、习俗及娱乐方式等方面，因此气候必然对景观建设提出不同的要求。气候导致的地域性特征直接或间接地决定着当地的景观特性。由于人的干预，这些景观并不都是物质性的呈现。

（3）气候的类型。太阳辐射形成的气候带是景观构成的基本自然因素。太阳辐射在地表的分布，主要取决于太阳高度角。太阳高度角随纬度增高而递减，不仅影响温度分布，还影响气压、风速、降水和蒸发，使地球气候呈现出按纬度分布的地带性。我国的主要气候类型有以下几种。

①热带季风气候：包括台湾省的南部、雷州半岛和海南岛等地，终年无霜。

②亚热带季风气候：华北和华南地区属于亚热带季风气候，夏季气温偏高，冬季气温偏低。

③温带季风气候：内蒙古和新疆北部等地属于温带季风气候。

④温带大陆性气候：广义的温带大陆性气候包括温带沙漠气候、温带草原气候及亚寒带针叶林气候。

⑤高原山地气候：青藏高原及一些高山地区属于高原山地气候。

（二）人工环境

1. 软质景观

（1）水体。景观构成的要素有很多，如植物与亭廊，而水是其中很特别的要素。在中国，人们喜水的天性使水具有强大的吸引力。诸多的实例和景观理论研究证明，水是吸引人的第一要素。水域、水体是景观中最富有生气的元素之一。由水体形成的景观形态千变万化，或博大壮丽，或轻盈灵动，有着丰富的表现力（图1.4.3、图1.4.4）。

图1.4.3　罗马圣彼得
大教堂水景

图1.4.4　罗马纳沃纳广场水景

①水体在环境景观中的作用。

第一，水体的千变万化丰富了视觉环境，水体轻盈灵动，具有无穷的视觉表现力。水体既可以作为空间中的视觉背景，又能够形成空间中的视觉焦点，对景观空间起着丰富和美化的作用。

第二，组合景物的作用。水体以特有的水平面，使散落的景点之间产生一种别致的关联，通过互相呼应，共同成景。一些曲折的水流，以其动态的线性形态将沿线景点串联起来，形成一个线状分布的风景带。

第三，改善环境、调节气候的作用。景观水体能够调节区域小气候，对场地环境具有一定的影响作用。大面积水域能够增加空气湿度，降低空气温度。水体能在一定程度上改善区域环境的小气候，有利于营造更加适宜的景观环境。

第四，提供娱乐活动场所。人们可以利用水体开展各种水上娱乐活动，如游泳、划船、溜冰、冲浪、垂钓、航模比赛、漂流等。这些水上娱乐活动极大地丰富了人们的空间体验，拓展了整个环境的功能，并增加了空间的可参与性和吸引力。

第五，提供观赏性水生植物和动物所需的生长条件，为生物多样性创造必需的环境。例如，荷花、芦苇、浮萍等的种植，天鹅、鸳鸯、锦鲤等的饲养。这些水生动植物是生态水景的重要元素，为水体景观带来了无限生机。

②水体的基本表现形式。

无论何种规模的景观，都可以引入水景。水体在景观中的运用大致上可以分为静态水体和动态水体。

静态水体是指水面平静、运动变化比较平缓的水体。静态水体主要以无流动感的水面形式出现在环境景观中，如湖、池、塘、涧的水面。

动态水体是指流动、喷涌、激荡的运动着的水体，或涓涓细流，或层叠喷涌，与其他静态的景观形成明显的对比。

无论是静态水体还是动态水体，景观中的水体都有三大作用，即观赏、生态、娱乐。与景观水体直接相关的要素是水源水质、形态与生态、轮廓驳岸、动力与设施、游赏与辅助、安全与防灾。

动态水体有溪流的灵动、喷泉的跃动、飞瀑的激越，多种多样，各抒其美。在景观大背景中，动态水体可以分为规则式和自然式两种。规则式水体多通过人工引导来呈现水的动态，与环境的规则形态构成趣味性，如广场喷泉、庭院叠水、曲水流觞；驳岸通常以人工砌筑为主，其轮廓规整，强调落水的规则性。自然式水体以溪流、瀑布为主，其轮廓自由，落水追求活泼感、跃动感；驳岸多遵循自然式不规则原则砌筑。

动态水体按照具体表现形式，又可以细分为流动型、跌落型和喷涌型三类。

流动型水体：除天然的江河湖海以外，一般以不同的驳岸形式分为自然式和规则式两种水体。自然曲折的溪流为典型的自然式水体，运河、水渠为典型的规则式水体。

跌落型水体：利用水往低处流的特性，构筑梯级、斜坡、断崖，形成叠水漫溢与瀑布幕帘。水跌落的高度和层叠数量是表达跌落型水体的重要之处。例如，瀑布按其跌落形式可分为丝带式瀑布、幕布式瀑布、阶梯式瀑布、滑落式瀑布等，叠水则是水分层连续流出或呈台阶状流动，因而呈现出不同的面貌。

喷涌型水体：施加一定的压力，按一定的速度、方向、形态，动态喷出的水体。景观中的喷涌型水体以人工为主，少量为自然形成。自然界中最常见的就是涌泉，水体从水底、地面，或是山石之中向上涌出而形成。涌泉的水流压力比喷泉小，水流不断地溢出泉口，如位于济南市柳埠镇苏家庄的涌泉，这里群山环抱、峰峦叠翠，泉水由山谷石缝中涌出，不作高喷，故称为涌泉。

喷泉是最具代表性的人造景观形式，一般由水泵提供压力，承压管道与各种喷头组合构成喷泉系统。另外，可以增加动力调节控制系统，使喷出的水呈现千变万化的形态。喷泉不仅能够活跃空间，还能够增加局部的空气湿度，调节小气候，减少灰尘。随着技术的不断发展，更多趣味性和科技化的喷泉样式出现，使景观给人带来更多新奇的体验。

（2）植物。在景观环境的布局与设计中，植物是一种极其重要的自然素材。不同的植物形态各异、千变万化，如枝繁叶茂的高大乔木、娇艳欲滴的鲜花、爬满棚架的藤本植物等。植物是与环境互动变化的生命体，随季节和生长周期的变化而改变其形态及特征。植物不仅是景观设计的要素，还能使环境充满生机，升华美的感受（图1.4.5）。

（a）城市尺度的植物景观　　　　（b）庭院尺度的植物景观

（c）道路沿线动态背景下的植　　（d）自然形态环境中植物景观
　　　物景观

（e）作为景观观赏本底的植物景观

图1.4.5　人居环境中的植物

①乔木。一般来说，乔木树形高大、主干明显、分支点高、寿命较长。按照其形体高矮，常分为大乔木（20 米以上）、中乔木（8 ~ 20 米）、小乔木（8 米以下）。按照其一年时间周期内是否落叶，乔木分为常绿乔木和落叶乔木。乔木在景观中的应用十分广泛，在生态功能或空间塑造上起着重要作用。常见的乔木有香樟、黄棉树、悬铃木、榕树、栾树、五角枫、柳树、国槐、合欢、玉兰等。乔木是植物景观的骨架，搭好了骨架，就为整个景观的构建奠定了基础。同时，高大的乔木也为其他植物的生长提供了生态上的支持。大型乔木由于尺度大，对生态和观赏视线影响明显，因此成为景观绿植的空间支柱。

②灌木。灌木一般是指那些没有明显的主干、呈丛生状态的树木。在景观中，一般高 2 米以上者称大灌木，1 ~ 2 米为中灌木，不足 1 米为小灌木。灌木能够提供亲切的空间，屏蔽不良景观；或作为乔木和草坪之间的过渡，对控制风速、噪声、眩光、热辐射、土壤侵蚀等有很大作用。灌木一般可分为观花、观果、观枝干等几类，常见灌木有黄杨、铺地柏、连翘、迎春、玫瑰、杜鹃、牡丹、月季、茉莉等。不同尺度的灌木因其种植灵活，而成为景观空间的灵动要素。

③花卉。花卉是指具有观赏价值的花朵、果实，或枝叶姿态优美、色彩鲜艳、气味香馥的草本植物和木本植物，在景观中通常指草本植物。花卉因其光彩夺目，往往成为景观空间的点睛之物。由于大多数花卉有季节性开花的特点，因此花卉是体现景观季相的突出手段。

④草坪。草坪多指园林中由人工铺植草皮或播种草子培养形成的整片绿色地面。草坪可以建立具有吸引力的活动场所，游人可以在上面散步、休息、娱乐等。草坪还有助于减少地表径流，降低辐射热和眩光，并且柔化生硬的人工地面。草坪作为广泛使用的地被，是景观空间的支撑元素。结合空间功能，草坪主要在生态、人为活动、景观欣赏三个方面起作用。

⑤藤本植物。藤本植物，又名攀缘植物，是指茎部细长，不能直立，只能依附在其他物体（如树、墙等）或匍匐于地面生长的一类植物，如爬山虎、常春藤、扶芳藤、紫藤、葡萄、藤本月季、凌霄等。藤本植物可以

美化墙面，或构成绿化棚架、绿廊等，提供季节性的叶色、花、果和光影图案。

⑥竹类。竹类属禾本科竹亚科，是一类再生性很强的植物，是重要的造园材料，是构成中国传统园林的重要元素。竹类挺拔修长、亭亭玉立、婀娜多姿、四季青翠、凌霜傲雨，备受我国人民喜爱，有"梅兰竹菊"四君子、"梅松竹"岁寒三友等美称。竹类大者可高达 30 米，用于营造经济林或创造优美的空间环境；小者可作为盆栽观赏或地被植物，是一种观赏价值和经济价值都极高的植物类群。

2. 硬质景观

（1）建构筑物。建构筑物包括建筑物、构筑物。例如，在人居环境景观中的住宅建筑、公共建筑、地标性建筑，以及亭廊、驿站、书报亭、公交站等。在传统的园林建筑中，使用较多的建筑形式有亭、台、楼、阁、轩、榭、廊、舫、坛等。建构筑物由于尺度较大，成为景观的重要构成和基调背景。

建构筑物与景观是构成空间环境的主要实体与要素，二者如同一个硬币的两面，唇齿相依，共融互生。在人居环境景观整体设计中，建构筑物与景观以环境定位为指导，进行一体化设计。建筑、景观一体化的基本特点是建筑与景观相辅相成。在部分区域建设中，可能存在景观相对于建筑设计滞后的情况，导致整体呈现不理想，因此景观中的建筑意识格外重要。

（2）道路。道路是人居环境景观中的重要元素，它形成了空间的骨架，把景观中的各个部分连成整体。道路是因交通需求而产生的，属于一种线形的空间形态，因功能需求而形成不同的级别。道路既包括城市车行道路，也涵盖各类供人行的交通空间，是人们最常利用和接触的空间形态。道路景观直接关系到人们对城市环境的整体印象。

道路解决的主要是交通问题，但除交通路面外，道路还包括很多附属空间及设施。道路包括机动车道、非机动车道、人行步道、隔离带、绿化带，以及道路的排水设施、照明设施、地面线杆、地下管道等构筑物，还包括停车场、交通广场、公共交通站场等附属设施。并非所有的道路都包含这些内容，道路的组成是由道路的级别决定的，不同级别的道路意味着不同的组成内容。道路的使用要求不同，其组成也有所不同。

城市的道路系统有着严格的分级，各种级别的道路连通，构成道路网络。按照在城市道路系统中的地位和性质，在每一种尺度的空间中，道路都要明确分级。例如，整个城市道路系统可分为快速路、主次干道、支路等，小范围的居住区道路系统可分为居住区级道路、小区级道路、组团级道路、宅前路等。如果放到更小尺度的场地中，道路同样要进行分级设计。在人居环境景观中道路也包含路径，如自然环境形成的人员通行路径，多用途场地、广场提供的自由行走的路径等，路径的形式更为丰富多样，有些路径还存在较大的人流量。

护栏作为道路交通设施的一部分，其更新维护工作对于提升城市道路交通安全、美化城市环境具有重要意义。随着时间的推移，既有护栏可能存在老化、损坏等情况，如果不及时更新维护，将对道路交通安全构成潜在威胁，同时也会影响城市形象。因此，首先要对护栏进行检查与评估，发现问题应及时记录，并制定整改方案。其次，根据护栏的实际情况，制订更新维护计划，更换老化、损坏严重的护栏，确保道路交通安全。最后，定期对护栏进行清洁和维护，保持护栏的整洁和美观，提升城市形象。

在杆件设施方面，国内道路杆件设施主要有信号、监控、照明、标志、指路五大系统：第一，信号控制杆，包括机动车信号控制杆和行人过街的信号控制杆，机动车信号控制杆还分为信号杆和辅助信号杆。第二，监控杆件，种类很多，有作为电子警察的，有用于维护社会治安的，有用于信息采集的。第三，路灯杆，这个是最常见的照明杆件设施。第四，各种交通标志牌。第五，指路设施，有道路预告、路牌等。

依附于路面的设施同样是道路景观的构成之一，如沟井盖的设置、维护管理工作是城市基础设施维护中至关重要的一环。作为城市道路的一部分，沟井盖承担着保障道路畅通和行人安全的重要职责，因此对沟井盖的维护管理工作尤为重要。在日常检查中，需强化对沟井盖的维护管理，检查沟井盖的稳固性和完好程度，及时进行维修和更换，有效预防因沟井盖问题而引发的交通事故和行人受伤事件。

（3）台地及铺装。台地、台阶是构成空间功能的主要支撑，是人居环境景观的重要组成部分。台地的形态、尺度、材质、机理等，是人在景观中活动、互动的直接要素，并赋予空间一定的功能和含义，通常构成了景观空间的基调。

场地铺装作为一种重要的景观要素，除了具有很强的实用性，还可成为环境中的观赏焦点。适当的铺装材料可以使道路空间变成特色景观。按照材质的不同来划分，常用的铺装类型有沥青铺装、混凝土铺装、石材铺装、砖砌铺装、预制砌块铺装、卵石铺装、木材铺装等，不同的材料有不同的质感和风格（图1.4.6、图1.4.7）。

图1.4.6　场地铺装

图1.4.7　台地

（4）景观小品。景观小品是人居环境景观中硬质景观的一部分，如景墙、围墙、围栏、花基等设施构筑物。景观小品对空间进行分隔、解构，对视觉进行引导，可以丰富景观的空间构图，提升空间的艺术品位及文化内涵，使环境充满活力与情趣。另外，景观小品还包括各种导游图牌、路标指示牌等对游人有宣传、引导、教育作用的展示设施，以及卫生设施（如厕所、果皮箱）和灯光照明小品、通信设施等。景观小品的形式多种多样，其构造材料也有所不同，很多景观小品在设计时全面考虑了生态环境、文化传统等因素。

（5）驳岸及边坡。驳岸、山坡、土坡及台地的硬质边坡作为硬质景观，是景观空间变化的重要元素，对人居环境景观影响较大。

驳岸是河湖与陆地的边缘地带，从生态、景观和安全等方面协调着水陆的关系。驳岸最初的功能是规范水的流向，如河岸具有限制河流速度、改变水流方向的能力。作为景观的驳岸是滨水空间的最前沿，是陆地空间和水面空间的连接体，也是人们亲水的重要媒介。驳岸景观则是指驳岸与景观两方面的组合，区别于单独的驳岸个体，它不仅仅包含驳岸自身，还包含两侧的环境空间、水生动植物，以及驳岸空间上的公共服务设施等围合成的景观空间。

驳岸景观类型多种多样。根据所处位置不同，大致可分成滨海驳岸、滨湖驳岸、滨河驳岸和湿地驳岸等。根据使用材料不同，可分为山石驳岸、钢筋混凝土驳岸、浆砌块石驳岸、仿石驳岸、竹木驳岸等。根据形式不同，可分为直立式驳岸、斜坡式驳岸、阶梯式驳岸等。

山坡、土坡及台地的硬质边坡与驳岸有类似之处，但其作用更多是衔接土体结构，起挡土作用，在配置植物和人为活动方面有所不同。

（6）固定雕塑及装置艺术。城市公共环境艺术的高水平植入，为人居环境景观带来别样的活力，对人居环境景观的品质提升有很大的助推作用。人居环境景观品质提升不仅需要高水平的空间环境，还需要高水平的"文化景观"。

固定雕塑及装置艺术作为一种不可替代的形式语言，是承载、解读、传递环境文化信息的独特形式。其核心功能是通过影响视觉审美来点亮景观环境美；通过恰当的固定雕塑及装置艺术表达，实现其他素材无法比拟的艺术叙述、意义表达和意象扩展。固定雕塑及装置艺术在人居环境景观塑造中有难以替代的地位，其与城市绿地同等重要，在彰显地域文化、展现文化内涵、扩展空间趣味方面具有重要作用。

固定雕塑及装置艺术在人居环境景观中的作用如下：①彰显场所主题，传达特别的文化信息；②强化场所特征，增强环境的可识别性，形成特别的城市记忆；③丰富人居环境空间；④丰富活动内涵或增加互动功能；⑤增强场景情调，丰富教育、科普内涵。雕塑的本质是"文化景观"，固定雕塑及装置艺术使人们不仅拥有个人记忆，还拥有共同的城市记忆。

（7）城市家具。①公共休闲服务设施：在城市公共空间中，为满足人们休息、健身、娱乐等要求而设置的城市家具，主要包括休息座椅、健身娱乐设施、电话亭、公共饮水机、邮筒、售报亭、照明灯具等。②交通服务设施：城市街道中主要用于交通指示、组织的设施，包括路灯、交通指示灯、交通指示牌、路标、人行天桥、候车亭、路障、自行车停放设施、加油站、无障碍设施等。③公共卫生服务设施：在城市公共空间中，为满足人们公共卫生要求而设置的城市家具，主要包括垃圾桶、烟灰皿和公共厕所等。④信息服务设施：为增进人们对城市公共空间和环境的了解，引导人们快速到达目的地而设置的城市家具，主要包括户外广告、信息张贴栏、布告栏、导向牌等。⑤美化丰富空间设施：为城市街道增添艺术气息，美化和丰富城市公共空间的设施，包括花坛、雕塑、喷泉、叠水瀑布、地面艺术铺装、装饰照明、景观小品等（图 1.4.8）。

(a) 候车亭与坐凳一体　　　　　　　(b) 特形坐凳

图1.4.8　城市家具

（c）配合地形、路径的坐凳　　　　（d）融入场地铺装的坐席家具

图1.4.8　城市家具（续）

二、人居环境景观的社会性特征

（一）公众性

马斯洛（Maslow）指出人的五大需求，即生理生存的需求，安全的需求，社会交往的需求，爱与归属、尊重的需求，自我实现的需求。

人居环境需要匹配上述五大需求。景观作为居民多样性活动的载体，景观空间满足的不仅仅是个体的需求，还有群体的需求。可以构建富有引导性和便利性的景观空间，吸引不同的交往群体，开展不同的交往活动。例如，供聚会休闲的亭廊、驿站、茶座，供儿童游戏、中老年人休息和晨练的活动场地。这里是居民休闲与情感交流的场所，是人与人之间的交流媒介。不同的活动时间，不同情感的汇集与交流，可以满足社会交往的需求，爱与归属、尊重的需求。

面向自然美构建意趣生动、内蕴丰富的人居环境景观，引导人们远离人工环境的枯燥无味，回到有自然意味的环境中陶冶情操，满足自我实现的需求。因此，服务于群体的人居环境景观有公众性。

（二）公共化

巴德（Bard）说："都市化进程可以说是社会生活在'公'和'私'方面不断地两极分化的过程。如果没有私人领域的保护和支持，个人将会陷入公共领域的漩涡之中。如果公共领域中的结构因素消失了，公共领域的成员手挽手地走在一起，那么公共领域就变成了大众。"我国的国情和社会环境决定了公共化的资源利用更有效率，人居环境景观呈现更多的公共化。随着我国城市化的推进，这种公共化的空间规模正在扩展。人居环境中的人不仅具有自然人的属性，也具有社会人的属性。作为社会人，大众的活动就会与公共空间进行物质、能量及信息的交换，除宅院以外的人居环境景观空间是有别于家庭生活的重要场所。由于人们无法摆脱对公共空间的依赖，因此公共化是我国大多数人居环境景观的特征之一。

（三）无界性

大众在公共空间中的多样性行为只是其对环境显性需求的冰山一角，而行为心理及文化价值观才是潜伏在冰山下的大众心理需求，形成无法一概而论的景观体验。公众性决定了景观界限的不确定性，即"无界性"。视觉是人居环境景观体验的重要源头之一，景观空间跟随人的视线、视域的感知无边界拓展，同样可以说明景观存在无界性。

由于网络技术的发展，在景观中引入图像信息技术，使物质空间与虚拟空间叠加，可以进一步构成景观的无界性。

三、人居环境景观的空间特征

（一）点

景观里处处存在着"点"这一基本的空间形态，空间中的"点"以各式各样的尺度存在，它既表现为有形的视觉存在，也可以是隐含着功能或无形的意象概念。"点"的自身体积大小或者相对位置远近，使其在空间中与人的视觉发生微妙反应。实体形态在景观空间中被看作"点"，主要是由人们观看的位置，以及这些实体的尺度与周边环境的比例关系决定的。景观中的"点"是相对的，近处的一棵孤植木、远处的一丛树都可以在视觉上反映为"点"。"点"是相对于周围的一种凸显，在视觉感受上具有很强的"向心力"，能够从较大的背景中分离出来。"点"对图形和形态具有相对的静态性，对周边场域有集中和凝固的作用，因此它具有定位的特性。

在景观设计中，可以利用"点"的这些特性，给予空间或地面以视觉定位，自然而然地吸引人的注意力和目光。对"点"的经营和处理，可以起到控制全局的作用。"点"与几何造型元素"线""面"之间的关系，需要通过空间要素的整体筹划来显现。"点"在景观设计中的应用范围广泛、形式灵活，如何恰当处理，考验设计师的景观空间组织能力。"点"的位置布局、体量尺度、形态色彩，以及材质、功能、意象都十分微妙。

点状景观是中国传统园林景观设计的重要手段之一。物件的点缀、设施的框景，其要谛是对景观起到点睛的作用。如果背景设置不当或者视线引导不充分，就会使"点"的作用弱化，空间整体不协调（图 1.4.9、图 1.4.10）。

图1.4.9　宏观尺度的点状景观　　图1.4.10　中观尺度的点状景观

（二）线

"线"是几何造型元素之一，空间中"线"的概念与"点"相似，但形态不同。线条自身的几何特性不同，不一样的形态和宽度在视觉上带来不一样的感受，如直线和曲线、粗线和细线可以产生不同的视觉效果，在景观中主要体现为路径、廊道，以及视线通道、风景线等。一行树、一排绿篱、一条路等显示在景观中，是"线"唤起了视觉。跑道引起奔跑的冲动，廊道唤起前行的脚步，是线性空间在暗示。景观中"线"的宽窄、曲直、起伏的变化，在视觉上产生方向感和流动感，它具有引导作用。"线"的交织、会合与疏离，无不牵动游者的心与眼。交叉、交织则视野分异、动线分流；会合则焦点集中、方向强化；路径宽则人流加速,路面平则步伐轻盈……"线"在景观中因尺度宽窄、材质变化，使人的活动各异。它在景观空间结构中不仅起到组织作用，更是游览互动的有形引导，具有路线的交通功能及引导功能。

西方古典园林中有许多几何式景观，其中"线"起到统领的作用。几何状的路径、模纹花坛最为典型，如法国凡尔赛宫的庭院，采用充满力度的直线与柔美的曲线图案，凸显出一种浓厚的、驾驭自然的人工意味。我国传统园林则更多采用自然形态，自然有机的线条因势而生，比几何图案更加灵活舒展，给人以自然轻快的感觉。

在空间上，"线"对"点"有串联作用，"线"的组合构成面域，也切割与划分面域。线作为边沿、轮廓，能够形成具有韵律感的风景线，它在构图中起到十分重要的作用。"线"不仅在分割、集合方面起作用，有形的线和无形的线在形式美中也起着重要的作用，它们通过不同的方式影响对称、均衡、节奏和韵律的结构框架。在景观规划设计中，利用"线"的划分将空间丰富起来，通过"线"来定义边界主要有以下两种类型。

一是同质面域，通过空间高差形态不同形成的界线，如两个高度不同的台地形成了各自的界线，道路面与沿街立面、路径与沿线围栏等不同方位的"线"形成带状风景。

二是异质面域，通过不同材质形成的界线，如植被与水面、铺装与草地之间的边界，行道树与路面等不同材质的线性形态。

"线"在景观的空间形式美和功能体验感方面作用巨大。

（三）面

"面"可以说是几何空间的本底，空间本来存在无数个"面"，只是因为"点"与"线"的特殊关联构成了"面"。空间上的"面"表现为物体与观察者的视点位置关系，如从纸张的侧面看感觉它是"线"，纸张放在远处看感觉它是"点"。景观空间中的"面"是视觉"语境"，它包含着行为者的认知和活动取向，与要素材质、功能与意蕴一起支持着对景观的感知。在景观中，"面"体现为片状、区块甚至全域，如一片花海、一块草坪、一片树林等。"面"的开阔与狭小、平坦与起伏，在区域中产生的视觉效果不同，从而在视觉上形成不一样的感受，开阔则心旷神怡，狭小则内敛收缩；

平坦则舒缓放松，起伏则视线游动。

"面"还可以作为一种媒介，根据不同的功能和视觉要求，材质的纹理、色彩相互搭配构成各种特别的景观面。在人居环境景观设计中，合理地运用面元素，能够体现空间的整体作用，并且带来深层次的整体感受（图1.4.11）。

图1.4.11　万亩区块景观海珠湿地

四、人居环境景观的社会特征

（一）文化性

文化是人类社会特有的现象，没有文化就没有社会。罗森塔尔（Rozentali）、尤金（Yudin）在《哲学小辞典》中认为，文化是"人类在社会历史实践过程中创造的物质财富和精神财富的总和"，这就是所谓的"广义文化"。与之相对的"狭义文化"则专指精神文化，即社会意识形态，以及与之相适应的典章制度、社会组织、风俗习惯、学术思想、宗教信仰、文学艺术等文化。从哲学的视角来看，文化是分层次的，大体可分为物质层面的文化、制度层面的文化、行为层面的文化和精神层面的文化等不同形式。

景观文化存在于景观的物质空间中（物质层面的文化），也贯穿于景观体验者的活动与感受中（行为层面的文化和精神层面的文化）。景观环境的感知投射到观赏者的意识中，与其拥有的文化认知共同形成了景观的文化性。制度层面的文化则综合地体现在景观的物质构成与使用中。人居环境景观可以成为文化的综合载体。

从横向上来说，不同区域、不同民族有着不同的宗教信仰、伦理道德、风俗习惯、生活方式，需要人居环境景观在形式和功能上予以匹配。从纵向上来说，同地区、同民族在不同的历史时期，因科技与生产力水平、文化潮流与社会制度的不同，也必然形成不同的人居环境景观。

如今，全球化的浪潮席卷世界各地，本土文化受到严重冲击，人居环境景观经历着千城一面的"时尚"，人们内心的烙印与物质环境的体验脱节。

为了让感知与行动和谐、心灵与环境和谐。在景观设计过程中，要倡导多元宽容，坚守地域文化的精神，发掘本土文化资源，以最大公约数权衡景观中的文化因素，将优秀的地域文化传统转化成人居环境景观的文化价值，凸显人居环境景观的独特贡献。

（二）时代性

人居环境景观是文明发展史的缩影，景观中的文化深深地烙上了时代和历史的印迹。一处设施、一种活动功能、一组要素的组合，无不体现景观营造者和使用者的取舍。景观设计的发展脱离不了人类社会的发展，它是一个民族的文化历史特征的体现。

人类文明总是在继承中变革，在变革中延续，每一个时代都有自己的景观艺术文化。在当代多元文化并存的趋势下，多种流派和风格共存已成为必然。人居环境景观既有物质的长久性，又有精神的时代性，在大浪淘沙后终将生机勃勃。

（三）功能性

第一，活动功能。人居环境景观主要面向聚居的人群，具有一定的功能需求，它是人们休息和娱乐的场所。例如，公园中的道路、场地、亭廊、椅凳等小品设施，可以为人们提供活动和休憩的地方，满足人们在日常生活中对于放松和休闲的需求。此外，景观中的植被和水体也能带给人们轻松的视觉感受，提升人们的生活质量。景观元素应形成与环境匹配的活动功能，包括人们的游赏、休憩、抒情活动，如形成游园路径、提供康乐设施、开辟文化广场等。

第二，精神功能。人居环境景观包含着文化，必定可以寄托情感与精神，因为文化与人的精神是紧密相关的。在文化以外，景观中人的活动是人的精神与环境的互动。在园苑中的交往、在台地上的眺望、在鱼塘边的凝视，都会引起精神的变化，好的人居环境景观自然能够提供好的精神导向。人居环境景观是大众的精神园地，它可以唤起群体的心动及行动，从而完成景观的精神功能。例如：设置一处宣传廊、宣传牌，人们共同获得信息；设立一处匾额，人们共同体会景观的微妙；开辟一道视廊，人们共同对环境形成认知；种植一片花园，人们共同感叹季节的变化。景观包含更多的信息传递和文化教育，即精神功能的呈现。

第三，生态功能。生态是人居环境景观存在的基础，生态功能对景观无疑是重要的。热爱大自然是人的天性，景观服务人，也可以为动植物提供生存和栖息的空间。景观植被吸附灰尘、降低噪声、调节小气候，更是对生态功能的无声贡献。成功的生态功能安排，可以让人与自然和谐共处，它与景观的活动功能、精神功能同样重要。

第五节　人居环境景观更新提质的发展趋势

一、人居环境建设标准

人居环境是人类社会得以生存和发展的前提，对人类的身心健康产生直接影响。20 世纪 50 年代，国外学者提出了人类聚居学理论，注重对人居环境方面的研究。建立优美舒适、可持续的人居环境是人们的最终追求，其优劣是判断社会进步和发展的关键指标。舒适性、健康性、便利性、安全性和可持续性，是人居环境建设的基本理念。景观作为环境的组成部分，同样延续着人居环境的需求。

（一）国内人居环境的建设标准

我国对人居环境的研究起步较晚，20 世纪 80 年代以来，吴良镛提出了相关理论，现已成为国内人居环境学科建设的主导方向。许多学者从不同角度对我国人居环境进行研究，提出了我国城市人居环境评价指标和人居环境可持续发展评估体系。另外，住房和城乡建设部把人居环境优劣纳入考核指标，国家发展改革委推出国内的城市"生活品质评价体系"，国家社会科学基金提出了影响居民幸福感的 10 个级别的指标，《小康》杂志则提出了小康休闲指数。从我国人居环境建设的相关理论分析和实践发展情况来看，理论层面为人居环境建设起到一定的引导作用，但实践层面的详细操作与再评估需要完善。

（二）国外人居环境的建设标准

国外在人居环境研究方面的成就较为突出，最具代表性的是澳大利亚的人居环境质量评价指标体系。该指标体系对环境质量、生态压力、环境保护行动三个方面进行了考核、评价，可以全面地反映城市的可持续发展能力，具有很好的借鉴意义。

联合国环境规划署全球资源信息数据库为衡量城市环境质量和可持续发展能力，在 CEROI 计划中设计了一系列评价指标，在此基础上参考联合国人类住区规划署、欧洲气候基金会和欧洲环境署等组织的评价指标，形成了城市环境指标矩阵，对制定人居环境建设标准具有重要的参考意义。

相对于国内，国外对人居环境的评价更加关注人居环境的可持续发展能力，以及居住的舒适度。但不是所有的国外评价指标都对我国具有参考价值，毕竟每个国家都有不同的环境、资源、国情。尤其是我国各区域的资源禀赋不同，因此不可能像国外很多城市一样做到全域"等量齐观"。在确立我国人居环境建设标准时，要精准甄别。

二、国外及国内人居环境更新提质的先进经验

（一）国外经验

1. 加拿大 Bentway 桥下公共空间提质

加拿大 Bentway 桥下公共空间提质项目，属于多伦多公园景观更新。将因高架桥横穿而被割裂的两个滨水景观地块又重新连接起来，形成一个长 1.75 公里、面积接近 3 万平方米的新型桥下复合功能空间。原来环绕高速公路桥下的闲置用地，改造为一系列户外空间、步道和服务于社区的创

新活动场所，带来连续而多元的体验，促进城市环境和市民生活的改善。

（1）多种功能激活场地空间：项目最大限度地利用场地的兼容性。项目范围内的所有空间都没有固定的边界，让所有空间都具有灵活性和自然发展的潜质。结合季节的变化，冬季作为冰道，夏季成为一条经过儿童戏水公园的小路，其他时间又是一条可骑行的道路，因此这条路径很好地适应了冬夏两季不同人群的需求。这些功能灵活而自然的空间更新方式不断发展并且保持开放，为公众参与留出空间，让每个人在场地内不受局限地活动，可以按照自己的兴趣和想法定义空间。

（2）发挥植物景观的魅力：在桥下特定的空间中，慎重地配置植物。在选择植物时，要让人们在不同季节有不同的景观可看。Bentway 桥下公共空间提质项目给人们的生活带来了新奇感。

2. 美国波士顿公园体系建设

美国波士顿公园体系建设是一个连续整合创新的过程。整个公园系统的建设始于 1878 年，历时 17 年，将波士顿公地、公共花园、联邦大道、后湾沼泽地、河道景区、奥姆斯特德公园、牙买加池塘、富兰克林公园和阿诺德植物园等九大城市公园和绿地系统有序地联系起来，形成了一片绵延16公里、风景优美的公园体系。

"公园体系"顾名思义是指公园绿地群，通过巧妙的空间串联，将分散的公园绿地联结成大型的环状绿色空间，波士顿"翡翠项链"的美名也由此而来，成为利用空间改善人居环境的典范。

3. 德国汉堡打造"欧洲绿色之都"

德国汉堡市被欧盟授予"欧洲绿色之都"称号，其注重考虑不同人群对绿地的差异化需求，注重绿地布局与居住空间分异相匹配，用绿色网络引导城市结构的自生长，分期分阶段推动绿色网络与城市结构协同发展。

许多德国城市经历了 19 世纪拆除城墙进行景观改造的阶段。在人居环境建设方面，按家庭分配片区级绿地，还包括 30 分钟公共交通可达的墓地、行政区公园等地区级绿地，以及 45 ~ 60 分钟公共交通可达的森林、农田等城市级绿地。绿地系统布局基本围绕人居环境需求，实现了全域覆盖，有效满足了居民对不同尺度绿地的使用需求。

在人居环境景观设施方面，统筹全域生态要素的绿地系统布局。从整体层面来看，包括步行 5 ~ 10 分钟可达的游乐场、居住区公园等住区级绿地，以及步行 10 ~ 15 分钟可达的运动场。设置服务特定弱势群体的"个性绿地"，满足了社会弱势群体更为迫切的个性化需求。针对青少年、老年人和外国侨民的需要配置绿地设施，对现存绿地进行整合串联与增补优化。

4. 日本《景观法》的颁布

日本的人居环境也曾经出现不少负面问题，如交通拥堵、绿地和开放空间不足等。近年来，信息化、少子化、老龄化等社会趋势，使城市的"微更新"在日本得到重视，日本更多地把目光转向改善人居环境景观方面。

20 世纪 80 年代后期，日本进入泡沫经济时期，人居环境景观规划步入"地方时代"，各地方政府分别制定了系统化、以自主景观条例为中心的城市建设制度。20 个世纪 90 年代，日本步入"街区营造时代"，迎来了景观条例制定高峰。"景观价值"在社会上得到广泛认可。于是，街区尺度的景观营造开始成为日本的关注重点。

街巷景观被视为环境的基础。从街巷景观开启人居环境更新，日本不单单是美化街巷形态，还对街巷的生活内容展开检查，重新发现街巷中与生活意义相联系的东西。这是街巷的形态改造，更是街巷生活的总体调整。为街巷设计出和睦友善与包容的表情图样，专门解决街巷问题，这就是日本人居环境景观的微更新——"景观营造"。

2004 年颁布的《景观法》在宏观上规定了建设良好景观的理念，内容包括划定景观区域，限制建筑行为，并有权限制建筑物的外墙颜色、外观设计、建筑高度等。明确了景观作为"国民共同的财产"的基本概念，不仅仅包括城市，还包括农村、山林、河川、海岸等区域，确定了景观不同元素的地位作用。明确了国家、地方政府、企业、社会团体及个人的责任和义务。由于景观涉及部门多、范围广，要求地方景观整备机构承担地方景观统筹管理职责。

《景观法》第 2 条对"良好景观"的保护、整治及营造做出规定，其中包括：①景观应得到合理的整治和保护，以使现在和后代的人们能够享受到；②应在适当的限制下，通过用地调整，使该地区的自然、历史、文化等景观与人们的生活、经济活动等相协调而得到治理和保护；③景观营造应尊重当地居民的意愿，形成多样化的景观，以促进该地区的个性和特色的发展；④景观应该由地方政府有关部门、企业和居民以综合方式创造，以促进该地区的活力；⑤景观营造不仅包括对现有良好景观的保护，还包括营造新的良好景观；⑥在微观上，对景观物（树木、花草、建筑等）的认定、维修、保护、继承等事项进行详细规定。

《景观法》还规定了对违法行为的处罚及责任追究，让景观的营造、更新和实际应用有章可循、有据可依。

日本的《景观法》将公共服务设施及农业景观等特殊要素纳入景观保护和营造的范畴，"重要公共设施景观"通过为公共设施管理者与景观行政团体提供共同协作的机制，可以有效防止因管理条块分割而导致的景观破坏。农业传统及其中蕴含的生态智慧是传统聚落景观的重要价值，具有特殊的观光吸引力。景观营造制度化是行之有效的路径。

日本社会的人口老龄化、少子化，以及东方文化背景与我国有相似之处，其人居环境景观营造经验值得借鉴。

5. 新加坡加冷河滨水景观更新

作为新加坡最长的一条河流，加冷河长约 10 公里，从皮尔斯水库流向滨海水库，贯穿中心岛，是城市供水系统的一部分。2006 年，新加坡国家水务局、公共事业局（PUB）发起了一项"活力，美丽，清洁"的水计划项目，提倡改善国家水体，在满足给排水功能的同时，构建供社区娱乐休闲的活力空间，促进社区融合及人居环境改善。

经过更新，崭新、美丽的河岸景观唤起了人们对河流的归属感，人们能够近距离地接触河流，对河流不再感到恐惧、障碍和有距离感，让人们在享受和保护河流景观的同时，与自然互动，得到身心的放松，缓解日常生活压力。

（1）增加功能支持：沿河场地内设置多种活动空间，如为老年人和儿童提供了特定的活动区域，设置供儿童娱乐科普和实践探索的活动区域。

（2）强化生态景观：利用技术手段改善水体水质，进而提高水体的清澈度，吸引人们前来游玩，感受远离日常生活的自然生态。植物群落具有生态净化作用，可以循环净化周围池塘的水系统。这一功能也拉近了人与自然的关系，让市民亲近大自然，享受生活，得到放松，将景观的生态价值推向新的高度。

（3）坚守安全性：在区域的气候条件下，加冷河承载着新加坡大量雨洪流向，安全问题决定着市民体验的成败。沿河场地内安装了河道检测和水位传感器预警系统、警告灯、警笛和语音通告设备，提供可能出现的大雨或水位升高的预警。沿着河岸也设置了各种警告标志，为人们做出引导。

同样作为场地破碎化的案例，新加坡加冷河的景观更新设计考虑了项目的恢复性、支持性、安全性及生态性，充分利用场地特性，设置多个活动空间，既满足小朋友休憩玩耍、科普教育的需求，又为老年人提供活动交流的场地。将往日无人问津的场地打造成为一个全新的、活力十足的滨河公园，是具有魅力的景观更新案例。

（二）国内经验

1. 广东绿道和南粤古驿道

珠三角绿道网络的建设引领了绿道概念在中国的落地，其自身的背景印记也十分明显。广东绿道的发展经过数年的摸索，展现出两个演变方向：在都市化地区，绿道更紧密地与公众的运动休闲需求相结合；而在省域尺度，契合区域民众的休憩、文化活动需求。利用南粤的历史文化积淀，开辟了南粤古驿道线路，南粤古驿道成为复兴广东历史文化的绿道升级新方向。

（1）大都市地区绿道：与运动休闲的结合。越来越多的人居住在城市，城市发展带来环境污染、交通拥堵等城市病。虽然利用功能分区可以减少污染物对人的威胁，但城市病的痼疾依然存在。西方国家和中国都在探索如何走出这一困境。

2019年，在中国城市规划年会上，广东省城乡规划设计研究院总规划师马向明作了"从绿道、古驿道到万里碧道——线性开敞空间在广东的发展"的主题报告，开启了廊道空间更新提质、改善人居环境景观的探讨。

绿道的建设，让市民的休憩时光、康乐活动有了新的去处。在珠三角地区已建好的绿道中，最受公众欢迎的是那些适宜骑行和跑步的水岸绿道，如广州市的滨江绿道、增城区的绿道、广州国际生物岛上绿道串联公园形成的带形水岸运动休闲带、东莞松山湖和肇庆星湖的环湖绿道等，成为都市人们户外休闲、游戏、聚会的热门去处。

绿道建设首先给城市增添了"慢行乐趣"，各种绿道点亮慢行、骑行、徒步等体验。仅靠廊道空间的更新提质，就可盘活沿线的各种资源，让居民能够感受绿道带来的各种乐趣。

漫步、骑行在荔湾绿道里，探访西关文人墨客、大家闺秀聚集之地，畅游历史文化满满的街景，可以感受古时"一湾溪水绿，两岸荔枝红"的场景。

总长三四十公里的越秀区绿道，从白云山云台花园、麓湖风景区一路南下，沿东濠涌直至珠江边，再沿珠江往东行至二沙岛，为漫步者和骑行者展示了广州"青山入城"的文化之脉。

位于天河区的绿道，则将众多都市白领从车流密集的 CBD 楼宇丛林引导开来。在交通拥堵时，更多的人选择以步行、骑行的方式上下班；夜晚、周末在绿道之间体验骑行或跑步带来的快感，享受现代都市的景色。

增城绿道作为广州绿道建设的先行区、样板区，一路串联小楼人家景区、何仙姑景区、白水寨景区，途经增江两岸、广汕公路、荔新路和荔景大道等，沿绿道设立数十个绿道驿站及服务区。骑行者、漫步者、徒步者及跑步者畅游沿线风景，一直备受好评。

绿道的建设对人居环境景观起到两个方面的积极作用：①以户外廊道空间更新提质扩展了开敞空间的供给。通过廊道改造提高可达性和开放性，把城市外的广阔乡野地域接入城市开放空间系统，使城市周边的绿色空间成为城市开放空间的组成部分。通过改善市民进入的时间便利性，从而增加户外空间的使用便利性，为市民接触郊野、亲近自然提供了入口，绿道建设也推动了城乡的互动。②以户外廊道空间更新提质改变了开敞空间的使用方式。传统的城市公园、绿地以"岛状"的形式存在于城市中，单一性隔离明显，造成无法与居民的动态生活形成互动，真正可融入户外运动的公园有限，被认为是城市问题的"安慰剂"。而廊道型绿道使绿地更紧密地融入城市、乡村场景，以及市民的日常生活中，为居民直接"用"和随时"用"带来便利，绿地建设配合生态保护，使生态环境与人居环境景观实现共赢。

深圳湾的滨海公园带和株洲的湘江风光带等，通过丰富的户外运动方式吸引居民集聚和消费，让人们在带状公园里进行运动、休闲、聚会，以及开展各类社交和消费活动，展示了新的人居环境场景，成为廊道空间更新提质的新方向。

（2）绿道串联广大地区的历史文化。随着珠三角绿道网络向粤东西北地区的延伸，2012年5月，广东省发布了《广东省绿道网建设总体规划（2011—2015年）》，考虑到粤东西北地区在绿道网络的本底、资源、功能和布局、尺度上与珠三角地区的巨大差异，广东省政府确立了通过生态控制线的划定来推动区域生态安全格局构建，通过南粤古驿道的活化利用激活了省域绿道的建设。在宏观层面，推进区域生态网络建设；在中观层面，解决粤东西北地区城市与珠三角地区城市的经济发展差异；在微观层面，盘活历史文化的现实价值。

南粤古驿道是广东省古官道和民间古道的统称。广东省迄今发现了约171处古驿道遗址，是历史上岭南地区对外经济往来、文化交流和军事用途的通道。由于经济社会发展的阶段性变更，古驿道文化遗存大多分布在边远地区，这些远离工业化和城市化的地区，恰恰又是贫困乡村密集分布的地区。以古驿道为纽带，整合串联沿线的历史文化资源、自然环境资源，可以将古驿道的保护利用与乡村旅游、乡村振兴相结合。南粤古驿道的建设可以挖掘历史文化遗址对人居环境的贡献。在城市中，绿道的作用是把人与场所联系起来，让场所具有活力；在城市外围，绿道则要把不在此生活的人吸引过来。基于"人"的区位差异，决定了二者在建设重点和方式的差异。

南粤古驿道之所以能够重启广东绿道，是因为在新的历史背景下实现了历史文化修复与"精准扶贫"和农村人居环境改善的结合。在广东，珠三角绿道相当于大都市地区的城市绿道，而省域绿道则是大都市外围的区域绿道。南粤古驿道以文化遗产线路的方式让区域绿道在内容上得到极大的充实，将文化传承与农村人居环境改善和扶贫工作相结合，把各类政策资金汇集起来，为建设资金开辟了新来源。南粤古驿道的建设显示了人居环境景观更新提质的另一种"甜头"。

2. 成都市天府新区

2014 年，成都市天府新区获批国家级新区，规划面积 1578 平方千米，随后展开了以"公园城市"为理念的一系列人居环境景观建设与更新，将公园城市作为城乡发展向生态、生活、文化和经济复合转型的途径，探索人居环境发展新价值、新范式及协调机制，着力提升城乡人居环境品质。

（1）以规划设计为顶层指引。通过成都市公园城市建设管理局和天府公园城市研究院等研究和实施机构的工作，集结各方力量，整合形成了《成都市美丽宜居公园城市规划（2018—2035 年）》和《成都建设践行新发展理念的公园城市示范区行动计划（2021—2025 年）》等规划，形成"总体 + 指引"控制的模式，采用"技术规范＋设计导则"双重技术标准引导，形成公园城市建设的发展格局。以《天府新区公园城市总体规划》等 50 多项规划技术导则为依托，设立了公园城市建设的成长坐标。

（2）利用公园城市构建全域生态基底。出台《成都市城市总体规划（2016—2035）》，推动城市景观格局转型。采用大的生态格局，为公园城市的大美景象奠定了坚实的基础。

公园城市理念要求城乡协同发展，将生态环境作为全域公园体系的重要支撑，突出生态环境在区域经济、城市品牌、社会文化和居民生活等多方面的价值。公园体系以生态廊道绿为网络，按照"景观化、可进入、可参与"的设计导向，规划预留了超过 16 930 千米长的绿道架构，优化布局 30 个专类公园和 120 个综合公园。

3. 上海青浦新城的绿色生态空间

青浦区位于上海市西南部，属于长江三角洲经济圈的中心地带。青浦新城位于全区的腹心地带，总用地面积约 91.1 平方千米，与西部的朱家角镇共同形成功能联动区。

（1）蓝绿生态网络空间布局。青浦新城具有水系显著的环境特征，其水系有两大特点：一是骨架清晰，五横四纵的线性水网纵横交错，形成滨水廊道网络；二是水聚成湖，集中水面的空间丰富，构成河湖串联的特色生态环境。基于蓝绿生态资源基础和区域发展布局，采取"依水生景、以蓝串绿"的空间营造策略，沿水将绿色生态要素导入新城纵深处，构建以"双环、多带、多点"为空间结构的蓝绿生态网络，强调滨湖公园绿地对公共活动的汇聚作用。在解决休闲活动与人文功能需求的同时，打造以湖泊为核心的海绵功能，形成特色绿化景观空间。

（2）构建水绿特色的公园体系。青浦新城在蓝绿生态网络的基础上，围绕绿地服务需求、人文资源保护、景观风貌塑造等方面，展开公园体系建设，系统地完善了特色公园、城市公园、地区公园、社区公园、口袋公园的公园绿地布局、建设和更新。因地制宜地推动绿地建设和景观升级，在品质改造、新公园建设、社区公园的规划配置等方面做了许多工作。

（3）绿道网建设放大城市的游赏价值。滨水绿道以串联新城各类生态要素、功能节点、景观资源为目标，构建以市级、区级、社区级"三级绿道"为体系的慢行网络。市级绿道与区级绿道布局相衔接，保障区域重要人居环境空间的连通性。区级绿道面向蓝绿交织的城市格局，依托河流水系，串联重要功能组团和优质景观资源，建设多元化的滨水开敞空间。社区级绿道依托居住区道路、生活性支路、街坊内公共通道，串联居住区、公园、绿地、文体设施、商业场所等人流集聚区。

三、人居环境景观更新提质的主要倾向与设计趋势

伴随着人民对美好生活的向往和科学技术的进步，民众对人居环境景观更新提质有了新的需求。

如今，我国形成了庞大的人居环境规模。随着经济发展、生活水平提高、人口及社会变迁，出现了基础设施老化、功能缺失、环境污染等问题。为了满足居民需求和区域发展，需要对设施老旧、功能落后、环境不适应当代需求的区域进行改造或重建，以改善居住环境品质、满足居民新需求和促进

可持续发展。需要进行人居环境更新提质，更新提质是提升居民生活质量、改善城市环境、促进经济增长和现代城市发展的重要方法。

（一）追求既美又好的环境，重视景观形式和功能的平衡

从西方优秀的现代景观作品中可以看出，其社会作用和生态功能同样受到重视。优秀的景观以人们的日常生活需要作为建设的出发点，把舒适性和实用性放在首位。20世纪70年代以后，生态主义的观念成为西方人居环境景观更新提质的首要因素。

（二）追随生态文明建设，重视人居环境的生态作用

随着城市化进程的不断加速，城市生态问题已越来越受到重视。生态学的提出，要求人们尊重自然、顺应自然，减少盲目地改造环境。遵从自然的生态思想要贯穿开发建设的始终。场地选址、场地规划、场地设计、建筑设计等都要体现生态思想，只有保护和利用好自然资源，才能最大限度地发挥景观规划设计的作用，获得最佳的生态效益。景观本身具有改善环境的作用，因此在景观规划设计时更应注重低碳景观、绿色景观。通过低碳景观模式的建立，促进人居环境景观的可持续发展。

（三）紧跟时代文化走向，重视观念和意义的表达

我国经历40多年的改革开放，在全球化浪潮中借鉴了西方经验，同时也带来诸多"夹生"的文化理念，在人居环境景观的成果中存在诸多生硬的模仿和抄袭，景观环境与人们的活动意向脱节。

目前，如何吸收西方的文化景观理念，焕发源于中国大地的文化活力，将传统文化与现代需求进行有机结合，形成符合地域精神的文化需要，是我国人居环境景观更新提质需要面对的问题。

（四）关注新技术带来的福利，新技术、新材料在设计中快速应用

很多优秀的西方景观作品通过采用新技术或新材料来塑造质感、色彩、光影和声音等形态要素，构建具有现代感的景观环境。现代景观规划设计已大量运用新技术和新材料，如工业化预制工艺、智慧化管理、仿生学技术应用等。与此同时，在新型太阳能、节能光源、新型喷雾、喷泉系统的加持下，涌现出一大批具有时代特点、让人喜闻乐见的新景观。

第二章　人居环境景观设计概论

　　广义的说，人居环境景观设计包括对人居环境的室内空间和室外空间的设计；狭义的说，人居环境景观设计是一项对人居环境室外空间的营造筹划与实施安排。人居环境景观设计是借助科学技术知识和文化素养，在规划、设计和管理中合理地安排自然因素、人工因素和经济社会因素，构建对人的生产发展有益、使人能够获得愉悦体验感受的环境，使生态环境朝着可持续发展方向演变的技术过程。它涉及对自然资源的合理利用和保护，以及对人工因素的巧妙安排，旨在构建一个既实用又美观的环境。设计师需要根据现状，合理地设定建造目标，制定可以建设实施的方案。

　　人居环境景观设计面向人居生活、户外活动空间；需要面向个人需求、公共需求。涉及功能、美学、文化及经济技术以及生态保护和社会责任；顾及当下的需求和未来的可持续发展，所以具有高度的复杂性和创造性。人居环境景观设计既是科学技术，也是一门艺术，它是一项综合性的技术工作（图2.0.1、图2.0.2）。

图2.0.1　广州海珠湿地平面图

图2.0.2　广州海珠湿地鸟瞰图

第一节　人居环境景观设计

一、设计的含义

设计无处不在、无所不需。从小的物体到大的公共空间，从物质环境到非物质环境，从硬件到软件，从使用方式到生活方式，都离不开设计。随着人类文明的进步，设计已经成为人类文明和文化的一部分，它既是文化和文明的产物，又创造着新文化和新文明。

《辞海》中对设计的解释：“按照任务的目的和要求，预先定出工作方案和计划，绘出图样，为解决这个问题而专门设计的图案。”王受之在《世界现代设计史》中谈道：“设计，就是把一种计划、规划、设想、问题解决的方法，通过视觉的方式传达出来的活动过程。”它的核心内容包含三个方面：①计划、构思的形成；②视觉与感知的传达方式；③感知信息传达后的综合体现及运用。尹定邦将设计定义为设想、运筹、计划与预算，是人类为实现某种特定目的而进行的创造性活动。德国乌尔姆造型学院教授利特（Leete）认为，设计是规划的行动，是综合考虑和权衡相关内容的过程，包括考虑经济、社会、文化效果等。ICSID前主席亚瑟·普洛斯（Arthur Pulos）认为，设计是为满足人类的物质需求和心理欲望而进行的有想象力的活动。

　　从这些不同领域学者的观点中，可以发现设计有着非常宽泛的概念。综合来说，设计是一种为人类提供合理生活方式的创意过程，运用创造性思维解决人类在物质生产过程中的各种问题。第一，设计具有目的性、功能性。设计作品是人类有意识地根据功能性和审美性创造出来的产物，设计活动是实用先于审美。设计是以他人的接收信息为归宿点，通过设计作品，有规律、有秩序地解决现实生活中存在的问题。第二，设计具有体验和审美性。一方面，设计创造了审美价值，这种特殊价值的产生机制是产品外在的形式美感，或在产品使用过程中所产生的情感认可与依恋；另一方面，审美价值的实现有赖于设计，设计师以设计活动为载体，将精神财富和抽象的审美价值转化为个人的精神力量，从而完成从创造审美价值到实现审美价值的飞跃。审美价值不是自我实现的，它依赖于设计的创造。第三，设计具有价值性、伦理性。伦理道德作为整合社会思想观念及价值标准的思想导向，对于重新定位和调整秩序化的人的关系有重要作用。设计伦理观念极大地深化了设计的思考层面，推动了设计观念的发展。在人类逐渐进入后工业社会的今天，人们对设计的要求也更加多样化。设计不仅仅是为产品的功能、形式服务，更主要的意义在于设计行为本身包含着形成社会体系的因素。因此，设计包括对社会的综合性思考，设计应该在可持续发展的原则下，使产品与客观世界、产品与人之间的关系得到协调。

二、景观设计的特点

（一）研究领域延伸至整个人居环境

　　在世界设计学领域中，日本的环境意识觉醒较早，这与其狭小的国土面积、匮乏的资源、相对拥挤的人口有着直接的关系。随着环境意识的增强，我国学术界在 20 世纪 80 年代初提出了景观设计的概念，其研究范围拓展到建筑内外景观、城市景观，进而延伸到整个人居环境。具有整体环境观的景观设计，立足设计学科平台，融合多学科知识，体现了系统性和综合性的特点。

（二）以建立符合生态环境良性循环规律的设计系统为目标

在全球资源约束趋紧、环境污染严重、生态系统退化、工业文明向生态文明转变的形势下，人类的功能需要、形式追求、经济利益和人文倾向等都不能突破生态承载力的底线。因此，景观设计的核心理念是对生态系统运行规律的深刻理解、对自然美学价值的充分尊重和保护。该理念面向生态文明建设，体现了建设资源节约型、环境友好型社会的时代要求，是对物欲主义奢华设计观念的批判，其不仅适用于景观设计，也适用于其他设计。

（三）以空间设计为基本手段，实现物质与非物质因素的融合

不同时代、民族、地域的生活方式、文化风俗、精神意念和审美理想，必然物化在空间中。景观设计作为人类的一项建设活动，是以构建人类生存空间为目的，运用艺术和技术手段，在准确把握空间尺度的基础上组织空间要素，设计空间形态，协调自然、人工、社会三类环境之间的关系。景观设计不仅是物质因素的设计，也注重对社会、文化、经济、心理、行为、互动体验、设计管理、公众参与等非物质因素的研究。

三、人居环境景观设计

人居环境景观的营造和更新提质，与其他土木工程建设类似。但是，人居环境景观设计不同于建筑设计、城市规划及其他土木工程设计，人居环境景观还涉及生态、人文与艺术等领域。

工程学是通过研究自然科学的应用来总结工程建设的一般规律，通过对自然科学及其成果的进一步研究，服务于各行业的实践。土木工程是各类土建工程科学技术的统称。它既指利用与土木相关的科学技术形成土建工程成果，包括利用技术、管理、材料、设备及人工的土建工程实践，也指通过研究和应用土木工程的专业理论来解决土木工程的问题，主要有勘测、设计、施工、保养、维修等技术活动。土建工程建设既包括建造在地上或地下的直接或间接为人类生活、生产、军事服务的各种工程设施（房屋、场地、道路、桥梁、管道、隧道、堤坝、运河等），也包括人居环境景观（风景园林）的营造。

人居环境景观设计属于风景园林设计范畴，其基础理论与技术来自风景园林学科，并结合建筑学、规划学、环境艺术学等的技术和方法。人居环境，即人类聚居生活的地方，是与人类生存活动密切相关的地表空间。它是人类在大自然中赖以生存的基地，人居环境是人类生产力的生产和再生产的基础条件之一，是人类利用自然、改造自然的主要场所。按照对人类生存活动的功能作用和影响程度的高低，在空间上，人居环境又可以分为生态绿地系统与人工建筑系统两大部分。人居环境的组成可以概括为五大系统，即自然系统、人类系统、社会系统、居住系统和支撑系统。其中，自然系统和人类系统是构成人居环境主体的两个基本系统，居住系统和支撑系统组成满足人类聚居要求的基础条件。一个良好的人居环境的形成，不能只着眼于它的部分建设，而要实现整体的完整，既要面向"生物的人"，达到"生态环境的满足"；还要面向"社会的人"，达到"人文环境的满足"。

人居环境景观应改善人居环境，解决现实问题，适应社会经济与文化需求；对需求与条件进行评估与研究，工程技术应用与创新应满足环境条件、使用需求，控制人力、物力的投入，适应管理需求（图2.1.1）。人居环境景观设计涉及诸多专业，其过程具有复杂性。

（a）多样需求分别对待，同框筹划

图2.1.1 人居环境景观涉及多种多样的需求

(b) 人及动态是景观的构成之一

图2.1.1　人居环境景观涉及多种多样的需求（续）

（一）景观生态学

人居环境景观与其他城乡建设一样，随着时代变化而扩展新的技术领域。

随着景观生态学的发展，其逐渐应用于生物多样性保护、土地利用、城市规划等方面。景观生态学的研究对象为城市、区域、城郊、森林等景观，以及生态环境和景观多样性、农业及湿地景观，也涉及人居环境景观。

景观生态学是基于地理学、生态学而形成的专门对城市园林绿化进行研究的学科。景观是这门学科研究的主要目标对象。具体通过研究城市景观内部空间构造与功能的关系，分析异质性的产生与发展，以及保持异质性的机理，由此建立城市景观模型。景观主要由多个不同的景观元素共同构成，而景观元素是指地面上相应的同质生态要素或者单元，具体包括生态要素与人文要素，也被称作生态系统。

（二）环境艺术学

人居环境以人的活动为主线，人的定居伴随着艺术的到来。人居景观设计也包含对环境艺术的研究。环境艺术是一门尚在发展的新兴学科，它已经拥有大量实践，涉及建筑、城市设计、园林设计等领域。

环境艺术设计的目的是完善和优化人们的生活环境，环境艺术应当成为人居环境科学的一个组成部分。吴良镛提出的人居环境科学理论体系恰好概括了环境艺术学科的意义所在，他的人居环境科学理论从自然、人类、社会、建筑、支持网络等五个要素出发，科学地对人居环境要素进行了分类。吴良镛提出的人居环境建设的五大原则和人居环境科学观，即提高生态意识、人居环境建设与经济发展良性互动、发展科学技术、重视社会发展整体利益、科学与艺术的结合，概括起来就形成了生态观、经济观、科技观、社会观、文化观，从而把建筑理论引入更加宏观的领域。环境艺术学科恰好包含在自然、社会和建筑的要素当中。

（三）人居环境景观的自然之美

随着生活水平的提高，人们需要对人居环境景观的美学取向达成共识。将人类创造的美融入大自然之中，形成艺术美与自然美的统一体，这是人居环境景观的最佳境界。因此，需要牢固树立这样的观点：设计是对人居环境的锦上添花，而不是画蛇添足。要想实现这样美好的境界，设计仅仅具有艺术性和空间性是不够的，它还必须和大自然相互融合、相互贯通、相互和谐。设计必须成为自然的一个有机组成部分，必须充分体现出人类对大自然的尊重，必须充分体现出人居环境景观与大自然息息相关，而不能对大自然有任何破坏。任何破坏了自然和生态的景观设计，都不可能具有真正的艺术性和空间性，这是一个不言而喻的道理。因此，对于设计者来说，必须首先懂得对大自然的充分尊重和了解。而要想实现这一点，莫过于树立正确的自然生态观。中国古人对环境的看法就具有自然生态理念，充分尊重环境与自然的关系。《商君书·徕民》云："地方百里者，山陵处什一，薮泽处什一，溪谷流水处什一，都邑蹊道处什一，恶田处什二，良田处什四，以此食作夫五万，其山陵、薮泽、溪谷可以给其材，都邑、蹊道足以处其民，先王制土分民之律也。"《国语》云："古之长民者，不堕山（不毁坏山林），不崇薮（不填沼泽），不防川，不窦泽（不决开湖泊）。"先民们已经有了人利于自然、自然利于人的原则和天人合一的思想。没有正确的自然生态观，就不可能真正地尊重和了解自然，这对于设计师来说尤为重要。

树立正确的自然生态观，首先要对人类中心主义进行批判。人类中心主义错误地认为，人是自然的主人，人是自然的主宰者。这个信念源自古希腊的理性主义和基督教教义，并已成为今日西方社会的主流世界观。人类中心主义认为：理性的意识是人类思想的核心，人可以超越无生命的自然世界；植物是为动物而存在的，而动物是为人类而存在的；大自然对人类只是具有工具性价值；仅有人类具备内在价值，且是一切价值的来源，自然万物对人类有价值，是因为它们能够满足人类的需要和利益；人类具有优越特性,故超越自然万物;人类对于这些动物和自然世界没有任何责任;人类与其他生物并无伦理关系。

四、人居环境景观设计的共建性

（一）公众参与景观设计的作用

公众参与为人们提供了与设计师民主、平等、自由的双向交流机会，让设计师更加明确公众对于景观使用的真实意图与想法，使设计满足公众需求，为公众服务。

1.展现城市特色

公众参与能够广泛地了解景观设计项目所在地的综合信息，展现城市特色。公众参与问卷调查（如场地调查），能够提供所在地的综合环境价值信息；公众参与风土文化调查，能够提供所在地环境与传统文化的信息，增强人居环境景观设计的特色性。

2.完善功能空间

公众参与能够为人民群众和设计师双向交互信息提供平台，使设计师能够明确公众的实际需求，听取多方意见，分析修改方案，合理组织空间，划分功能结构，提高人居环境景观设计的实用性。

3.实现民主自由

公众参与能够精准地确定景观设计服务的主体与需求，对设计方案可以进行更加客观合理的评价。可采用交流、公示、咨询等方法让公众监督评价方案，依据公众的建议，采纳正确观点，修改原有设计中的不合理之处，提高景观设计的民主性。

（二）公众参与景观设计的要素

1. 景观设计阶段要素——公众参与的重要性

在人居环境景观设计的前期、中期与后期，都应该体现公众参与的重要性，推动参与主体及时得到双向交流，实现相互协调，最终满足公众期盼。

景观设计确定过程主要分为以下两个阶段。

第一阶段，确定景观设计方向和目标阶段，包括现场调查、资料分析、目的确定、原则标准等。此阶段，公众参与的主要手段为信息交互、咨询参与。信息交互是指提供和接收信息，形式有网站、电视、广播、展示、宣传单、情况说明、民意问卷调查等。咨询参与是指针对具体的计划和政策，让公众阐述自己的意见，形式有讨论小组、公共会议、论坛辩论、利益人对话、居民评审团等。

第二阶段，确定景观设计和方案选择阶段，包括比较方案、优选方案、设计细节和措施、方案修订和批准、实施过程的反馈。此阶段，公众参与的主要手段为协作参与、授权决策。协作参与是指公众自愿加入进行信息交互，协调配合给出决策，方式包括顾问小组、战略伙伴、管理组织等。授权决策是指决策者与参与者交流信息和意见，决策者也是合作者，实现专业性与民主性，共同确立目标与决定，方式包括社会组织、座谈小组、合作伙伴等。

2. 景观设计参与主体要素——公众参与的决定性

景观设计参与主体由设计师、政府部门、人民群众、项目开发单位等共同构成，体现公共参与的决定性。设计师作为设计核心，参与景观设计的全过程。设计师必须具备职业道德和职业精神，从专业技术的角度为人民群众服务，为城市发展长远目标服务。政府部门是指国家统治和社会管理机关。在景观设计中，政府部门应以人民群众的公共利益为服务目标，以对人民群众负责为工作原则，积极促进公众参与，增强人民群众的信心和安全感，让人民群众对政府部门、项目开发单位的管理和决策起到有效的监督与评价作用。在公众参与过程中，组织好参与流程，指导参与工作，积极采纳正确的公众建议，保证方案的可持续性、可操作性、文化艺术性。

3.景观设计参与客体要素——公众参与的目的性

景观设计参与客体可成为参与主体认识和改造的对象，体现公众参与的目的性。景观设计参与客体包括景观设计项目自身区域范畴和影响区域范畴。景观参与客体的基本特性包含复合性、历史性和地方性。复合性是指自然景观和人工景观，各个景观局部叠合形成；历史性是指历史传承不同的城市，其特有的形成、发展过程；地方性是指地域特定的自然地理环境所形成的独特建筑形式、风格。

公众参与理念下的景观设计充分尊重客体的基本特征——复合性、历史性与地方性，可以开阔景观设计视野，在现状调查、分析研究、比较方案、优选方案、设计细节和措施、方案修订和批准、实施过程的反馈等各阶段，放弃狭隘的局部思维模式和意图，追求整体格局的设计思想与方法，有目的、有计划地进行景观设计（图 2.1.2）。

（a）面向公众需求的最大公约数而造景

图2.1.2 面向公众是人居环境景观设计的共性

(b) 多样需求理顺景观空间

图2.1.2　面向公众是人居环境景观设计的共性（续）

（三）推进公众参与景观设计的策略

1. 拓宽公众参与范畴，开阔景观设计视野

随着互联网技术的飞速发展，全球信息共享为景观设计带来了更多的新观念、新视角和新方法，为公众参与提供了丰富的借鉴、经验与案例，拓宽了公众参与范畴，开阔了景观设计视野，提高了景观设计过程中方案的合理性、准确性、有效性。景观设计在现状调查、分析研究、规划设计等各阶段都应给予公众参与更加广阔的范畴，不能只在景观方案设计完结后，象征性地收集公众意见，而应在设计各阶段均有公众参与监督、评价。

2. 培养公众参与意识，提升景观设计品质

培养公众参与意识，树立正确的民主观念，增强公众参与的责任感和义务感，让公众对城市发展的意义和价值有深刻的认知。应加强景观知识的普及宣传和教育，使公众充分关注景观设计，调动公众参与景观设计的积极性，使其自愿、主动地参与景观设计。人民群众是实践的创造者，能够推动社会的发展，这是提升和创新景观设计的重要基础。随着公众参与意识的深化，社会组织应该为公众参与景观设计提供平台，提高公众参与的组织化程度，加强舆论监督与评价，提升景观视觉形象、环境生态绿化和空间功能的设计要求，构建高品质的景观环境。

3. 优化公众参与流程，健全景观设计法治保障

优化公众参与流程，应持续优化知情原则、真实原则、平等原则、广泛原则和主动参与原则，依法行使公民的权利，有效体现民主制度。参与机制即法治保障，公众参与需要有一定的参与途径、形式与流程。相关部门应制定公众参与法律法规，让公众参与景观设计行为落到实处，确定公众参与的合法地位，建立合法有效的公众参与组织程序制度。健全景观设计法治能够有效保障公众参与的系统性、规范性与协调性，保障公众参与流程中决策措施的自由平等、公平公正，维护公众的所有正当利益不被损害。

4. 增强公众参与效用，提高设计参与主体的综合素养和能力

增强公众参与效用，可以提高景观设计的预期效果，对我国现代化城市建设具有较强的促进作用。需要社会组织、人民群众的积极参与，公众意见具有广泛性和代表性，可以得到社会的全面重视。应协调不同群体之间的关系，相互促进、相互制约，完善信息透明公开、监督评价等机制。避免公众在参与中片面强调局部设计，忽视整体设计；强调个体利益，忽视集体利益；强调短期效用，忽视长期效用。政府部门作为公众参与的负责机构，应提高对公众参与管理事务的专业素养；公众作为景观设计的参与主体，应提高参与公共服务的责任意识和能力素养；设计师作为景观设计的核心，应提高职业道德、设计能力和专业素养。

第二节　景观设计的目标、本底与条件

一、景观设计的目标

在不同的历史时期，随着人类文明和生产力的发展，人类对待自然环境的态度和方法也是不同的，从依附自然、崇拜自然、改变自然到顺应自然、尊重自然。人居环境及其景观的营造也同步变化，特别是工业革命以来，大规模的城市化建设，使人居环境景观设计的目标变得丰富多样。

工业革命以来，城市化进程的加快和以经济利益为主要价值取向的城市建设，极大地促进了城市的发展，但是也加剧了人与自然关系的对立，

导致城市环境问题突出，生态环境日趋恶化。在生态文明建设的背景下，生态系统的平衡有序是人们关注的重点，人与自然的矛盾关系也必然成为景观设计探讨的焦点。生态危机的爆发、资源与环境的压力、生态文明的文化浪潮，以及景观设计自我完善的发展要求等，都促使人们思考如何在景观设计领域内，为缓解生态危机做出贡献。突出景观设计的生态属性，是景观设计发展到今天的必然趋势，它不是单纯的学术思潮的流变，而是源于对人类生存状况的担忧，是工业革命以来，全球性的资源短缺、人口膨胀、环境污染等矛盾激化的结果。

工业革命以前，人居环境景观以农耕社会的自然环境为背景，少数居住在城镇的人们享受着城市文明，因而传统的景观设计以追求审美情趣、表达艺术性为价值取向，局限在唯美、唯艺术的范畴内，局限在种花种草、装点环境的美化设计中，忽视了景观设计的生态属性，忽略了对自然环境、人工环境和社会环境的整合。在设计方法上，定性方法明显要多于定量方法。缺少科学技术手段的方法策略，在很大程度上阻碍了景观设计的快速发展。工业革命以后，人居环境发生了巨大改变，亲近自然、保护自然的需要随之而来。为了解决城市问题，20 世纪初诞生了城市生态学，为景观设计提供了平衡自然、经济、社会三个生态子系统关系的调控法。诞生于20 世纪 30 年代的景观生态学，为综合解决资源与环境问题，全面开展生态建设与保护提供了新的理论和方法。此外，环境生态学、环境工程学、植物学、森林生态学、湿地生态学、海洋生态学、城市生态学等环境生态方面的学科理论也为现代景观设计带来了具有不同专业特点的方法论和生态技术手段。特别是麦克哈格（McHarg）"设计结合自然"的生态分析方法、西蒙兹（Simmonds）大地景观的生态设计方法，为景观设计方法突破装点环境，超越感性、经验化的设计方法提供了技术支持。现代生态学原理及多种环境评价体系，为景观设计的定性方法补充了量化的控制手段，在感性认识的基础上加入了理性的逻辑分析，将经验式的设计方法纳入系统化的方法体系中，使景观设计的理论研究与实践活动更具科学性。

生态学及其相关学科在丰富景观设计的方法论、技术手段，拓展景观设计研究范畴的同时，也使环境之美的内涵得到扩展和丰富。在生态文明价值观的指导下，人们开始重新树立健康的生存观，逐渐认识到生命与美相互依存，理解良好的生态环境是环境美的必要载体，为现代景观设计带来了超越外表层次、纯艺术美感的新美学标准。例如，获得美国景观建筑师协会奖（ASLA）的西班牙克雷乌斯海角景观修复设计项目，拆除了对环境造成很大破坏的地中海俱乐部的 430 幢房屋，对 45 000 立方米的建筑垃圾进行了处理和再利用，清除入侵的外来植物，使生态系统得到恢复。

人居环境景观更新提质的建设目标：使环境变得更加美好、更加宜人；生态状况改善，空间风貌美好，功能舒适宜人，整体环境可持续，综合改善环境的品位与价值。

人居环境景观更新提质的设计目标：环境与人的需求相协调。

人的需求来自生产、生活、休闲三个方面，主要有生产通勤、学习锻炼、休憩康体、休闲娱乐、生活交往、文化与精神交流等。其中，满足生产通勤需求的景观更新提质主要是针对道路公共设施，解决上班、上学和购物的通勤路径问题；满足学习锻炼和休憩康体等需求的景观更新提质，则是改善康体锻炼的路径、场地设施；满足休闲娱乐、生活交往、文化与精神交流等需求的景观更新提质，主要是构建交往场所，创造交往条件，如增加城市家具、设置亭廊及驿站等庇护场所，以及设置特色的文化园地与设施，如文化广场与舞台、特色场地及展园等。

人居环境景观更新提质的生态需求：生态保护、修复、维育，水土保护、海绵城市建设，针对水土、植被、动物等的良性改造。

人居环境景观更新提质的美好需求：历史风貌保护、环境形态塑造与运行治理、设施品质提升等。

二、景观设计的本底

任何景观的营造和更新都是在一定环境中进行的，人居环境景观也不例外。面对业已形成的人工环境和固有的自然环境，需要对人工环境本底、自然环境本底有一定的了解。通过本底情况与建设条件相结合，进行判别和分析，制订符合建设目标的规划与设计。

（一）人工环境本底

构成人居环境景观的人工要素主要包括建筑、铺装、景观小品、服务设施等人为建造的基本景观单元，与自然要素一样，它们都是属于物质层面的，人们可以通过眼、耳、鼻等感觉器官感知它们的"客观实在性"。并且，它们都具有一定的具体表现形态，都是依赖于人的参与、改变或创造而形成的。

1.建构筑物

建构筑物与开敞空间共同构成了人居环境景观的整体。当下，土地资源日渐珍贵，从节约建设用地的角度来看，在城市中能集中布局的尽量不要采用分散式布局，以提高容积率和建筑密度。然而，分散式布局在顺应地形、空间节奏、形态对比、景观视野等方面具有显著优势。

按照空间特性，建构筑物可分为外向空间和内向空间。外向空间即开敞空间，建构筑物通常朝外围空间扩张、发散。例如，我国皇家园林通常在山脊、堤岸等控制点建造亭台楼阁，以观赏周围景色，就具有外向开敞的特点。而内向空间强调围合性、隐蔽性，有较为明确的边界限定。例如，庭院、天井等都倾向于向内部围绕闭合。

按照组织秩序特质，建构筑物可分为几何化布局与非几何化布局。几何化布局体现了建构筑物关注基本使用、体验，以及建造逻辑等理性条件下的自我约束特征；而非几何化布局反映出建构筑物形态的多元性与自由性（图2.2.1）。

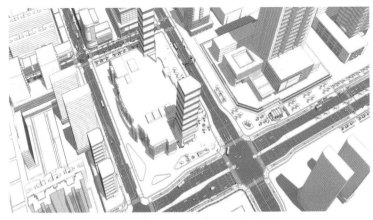

(a) 建筑设施决定景观的空间和行为

图2.2.1　人工环境之建构筑物

（b）人工环境左右景观体验

图2.2.1　人工环境之建构筑物（续）

2. 场地铺装

　　大部分的室外空间，无论规模、特征、地域等如何变化，其总体结构均由地形、植物、建筑及地面、道路覆盖的铺地材料构成。铺地材料能够完善和限制空间的感受，在满足空间的使用功能和美学功能上起到了尤为重要的作用（图 2.2.2）。

图2.2.2　人工环境之场地铺装

　　在所有的场地铺装要素中，铺地材料是唯一"硬质"构成要素。所谓铺地材料，是指具有硬质的自然或人工的材料，主要包括砂砾、砖、瓷砖、石材、水泥、沥青，以及随着科技发展出现的一些新型和特殊的材料。

场地铺装的两大作用为功能和构图。

从功能上来说，有以下作用。

第一，保护地面不直接受到破坏，使其能够适应长期的磨损、侵蚀，这是场地铺装最明显的使用功能。

第二，提供方向性，起导游作用。例如，地面被铺成某种线形时，便可以指明前进的方向。

第三，暗示行进的速度和节奏。行进速度会随路面宽窄的变化而变快或变慢。

第四，当场地铺装以面积相对较大且无方向性的形式出现时，则暗示一种静态停留感。

第五，铺地材料及其在不同空间中的变化，均可表示不同的地面用途和功能。

第六，影响空间比例，这是场地铺装重要的使用功能和美学功能。

从构图上来说，有以下作用。

第一，场地铺装有统一协调设计的作用，这一作用是利用其充当和其他设计要素与空间相关联的公共因素来实现的。

第二，在景观中，场地铺装可以为其他引人注目的景物充当中性背景。

第三，场地铺装具有构成和增强空间个性的作用。

第四，场地铺装与其他的功能一起创造视觉趣味。

总之，场地铺装给室外环境提供了很强的使用功能与美学功能。

3. 景观设施

景观设施的质量与城市景观的综合质量直接相关，景观设施是组成城市景观的重要因素，是城市名片的重要载体。当前，常见的景观设施包括景观小品等造景性设施，也包括城市家具、道路照明、康乐设施、游憩设施、标识设施等功能性设施（图2.2.3）。

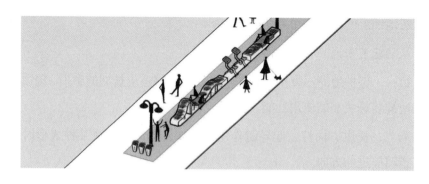

图2.2.3　人工环境之景观设施

（1）景观小品是起到隔景、框景、组景等作用的设施，如花架、景墙、漏窗、花坛绿地的边缘装饰、保护园林设施的栏杆等。景观小品往往用寓意的方式赋予景观鲜明而生动的主题，提升空间的艺术品位及文化内涵，使环境充满活力与情趣；对空间形成分隔、解构，丰富景观的空间构图，增加景深，对视觉进行引导。景观小品的形式多种多样，所用的建筑材料也有所不同，很多景观小品在设计时全面考虑了周围环境、文化传统、城市景观等因素。

（2）城市家具主要包括公交车站、自行车停放设施、电话亭、休息座椅、雕塑、邮筒、报刊亭、垃圾箱、公共艺术品等，兼具休憩和观赏的功能。随着信息技术的发展，电话亭和报刊亭这一类公共设施逐渐被淘汰，或者仅仅作为具有复古意义的景观构筑物而存在。城市家具的设计应与周边的自然环境相协调，与场地铺装、护栏、照明设施等相互搭配，尽量采用整体式设计的方式。现代城市家具正逐步向着标准化、系统化、人性化、艺术化的方向发展。

（3）道路照明作为城市景观的重要组成部分，是城市特色与活力的重要体现。道路照明在一定程度上代表了一个城市的整体形象，能给外来游客带来较为直观的景观感受。道路照明一般包括功能性照明和景观性照明两类。其中，功能性照明主要是给行人、行车提供安全的交通照明条件，保障道路环境的安全性与舒适性；景观性照明则侧重于艺术性和装饰性，具有艺术文化特色的灯具造型在白天可以为道路空间增添艺术氛围，并体现文化特色，丰富的光源颜色又可以在夜晚营造流光溢彩的空间环境。

（4）康乐设施是指有助于身体健康的娱乐设施。这些设施旨在促进人们的身心健康，通过提供各种活动器材，帮助人们进行体育锻炼和休闲活动。康乐的英文是"peace and happiness；well-being"，即健康、放松身心。康乐设施通常包括但不限于室外健身器材、游泳池等，为公众提供了一个强体健身、放松休闲、愉悦身心的环境。近年来，康乐设施的概念还扩展到更广泛的领域，包括体育设施和健身设施。体育设施主要是指用于体育比赛、训练、教学，以及群众健身活动的各种场地、场馆、固定设施等；而健身设施侧重于满足公众的体育健身需求，包括各级政府或社会力量建设和举办的，向公众开放，用于开展体育健身活动的体育场（馆）、中心、场地、设备（器材）。这些设施的建设有利于加快建设覆盖城乡的体育公共服务体系，保障人民群众参加体育健身活动的权利，丰富人民群众的精神文化生活，提高身体素质、健康水平和生活质量。

（5）游憩设施是指可提供"游"和"憩"活动服务的设施。"游"可以是旅游、游览、游戏、游玩和游学等，这些词都具有到某一地方去玩耍、观光、学习等意思；"憩"可以是休憩、小憩、歇憩等，这些词大多有休息的意思。游憩设施就是供使用者进行游戏、观光、娱乐、学习、运动、休息等各种活动的设施。

（6）标识设施作为一种特定的视觉符号，是城市形象、特征、文化的综合和浓缩。城市道路标识设施主要是指道路中用于信息传递、形象传递的构筑物标识、景点指示牌、指路标志等，可便于人们判断自己在城市中的位置，引导行进方向。它应设置在人们易于观察到的地方，一般可设置于道路的交叉处、匝道出入口、隧道出入口等地点，使车辆和行人能够安全有序地通行。完善的、具有人性化和艺术性的标识设施，不仅能够满足公众在社会生活中的需求，还可以体现城市的地域文化特色与精神内涵。作为城市景观一部分，标识设施还能够提高城市环境质量，提升城市形象。

（二）自然环境本底

自然要素是城市景观设计的物质基础，地形、土壤、动植物、水体、气候等都属于自然要素。尽管在城市中，会不可避免地对自然要素进行不同程度的人工改造，然而不可否认的是，自然要素是构建城市生态环境必不可少的物质保障。

1. 地形与土壤

（1）地形。从地理学的角度来看，地形是指地球表面高低不同的三维起伏形态，即地表的外观。地貌是其具体的自然空间形态，如盆地、高原、河谷等。地貌特征是所有户外活动的根本，地形对人居环境景观具有实用价值，并且合理地利用地形可以起到趋利避害的作用，适当的地形改造能够产生更多的实用价值、观赏价值、生态价值。

地物是指地表上人工建造或自然形成的固定性物体。特定的地貌和地物的综合作用，就会形成复杂多样的地形。可以看出，地形就是一种表现外部环境的地表因素。因此，不同的地形对环境的影响也有差异，其设计导则不尽相同。

（2）土壤。在对自然要素进行改造的过程中，不能忽视土壤的重要作用，凡是涉及人居环境规划和设计的工作，都与土壤密切相关。深入了解土壤的具体情况、掌握土壤特性，可以为道路修建、广场规划和植物栽种打下良好的基础。

涉及人居环境景观规划和设计的土壤特性主要包括以下几点。①土壤承载力，具体是指土壤内部结构的稳定程度和坡面的牢固属性。如果土壤承载力较好，那么在此修建的建筑物、道路等就会稳定耐用。通常，如果土壤湿度较大，所含的有机物质较多，那么其承载力是比较差的。如果确定地面负荷大于土壤承载力时，就要采取必要的工程措施，如夯实、打桩等，以增加承载力。在坡面不稳的区域，要设置专门的挡土墙对坡面进行保护。②土壤的 pH 和肥力会对植物的选择和栽种产生直接影响。③如果是在北方寒冷地区，还要考虑冻土等问题，掌握当地冻土层的深度、冻土期何时开始和何时结束等。要重视冻土期可能产生的消极影响，尤其是对道路、植被等，因为冻土发生膨胀会导致植物根部断裂，所以要对冻土及植物的特性进行深入了解，防止浅根系植物的大量死亡。

2. 植物与动物

植物是一个重要的造景元素，在设计中常用的植物有乔木、灌木、草本植物、藤本植物、水生植物等。植物对人居环境景观的总体布局极为重要，所构成的空间是包括时间在内的四维空间，主要体现在植物的季相变化对三维景观空间的影响上。

动物景观是利用活体动物的色彩、姿态、声音等，形成独特的、富有生机的自然景观，供人观赏。动态的动物景观与静态的植物景观正好起到良好的互补作用，使得园林静中有动，动中有静，动静结合，更加引人入胜。

3. 水体

城市中的水资源是非常宝贵的，其可持续利用体现在河流自然的水循环过程、地下水的净化和利用、雨水的回收再利用等方面。

从宏观层面来看，人居环境景观中的水体主要包括自然水体和人工水体两种类型。

（1）自然水体。自然水体是指江河湖泊等大的水域，是人类生存、生活的必需要素之一，在人居环境景观中具有较高的象征意义和生态价值。目前，越来越多的城市开始重视保护和恢复河流的自然形态，把驳岸的生态性作为城市自然水体净化的一个重要方面。生态驳岸对河流水文过程、生物过程还具有很多功能，如滞洪补枯、调节水位，增强水体自净作用，为水生生物提供栖息、繁衍的场所，等等。

（2）人工水体。人工水体是指在景观设计中，设置在特定位置的，以满足人的休闲、娱乐、观赏需要及生态功能完善需要，并且具有不同形式美的人造水体景观。

4. 气候

气候现象本身就是一种景观。全国各地的各种文化景观，与当地的气候条件有着密不可分的关系。

气候最显著的特征是年度、季节和日间温度的变化。这些特征随纬度、经度、海拔、日照强度、植被条件，以及气流、水体、积冰和沙漠化等气候影响因素的变化而变化。阳光的日照变化对景观的规划和设计具有显著意义，一天和一年中随着日照、光影、天气、气候的变化，所带来的自然景观也是不同的。

我国的主要气候类型有以下几种。

（1）热带季风气候：包括台湾省的南部、雷州半岛和海南岛等地。最冷月平均气温不低于16℃，年极端最低气温多年平均不低于5℃，极端最低气温一般不低于0℃，终年无霜。

（2）亚热带季风气候：我国华北和华南地区属于此种类型的气候。最冷月平均气温为 –8 ~ 0℃，是副热带与温带之间的过渡地带，夏季气温偏高，冬季气温偏低。

（3）温带季风气候：我国内蒙古地区和新疆北部等地属于此种类型的气候。冬季气温为 –28 ~ –8℃，夏季气温大多超过22℃，但超过25℃的很少见。

（4）温带大陆性气候：广义的温带大陆性气候包括温带沙漠气候、温带草原气候及亚寒带针叶林气候。

（5）高原山地气候：我国青藏高原及一些高山地区属于此种类型的气候。日平均气温低于10℃，最热时气温也低于5℃，甚至低于0℃。气温日差大而年差较小，但太阳辐射强、日照充足。

（三）地域人文背景

"人文"涵盖了文化、艺术、历史、社会等诸多方面。城市是人类文化的产物，也是区域文化集中的代表，城市景观恰恰就是反映城市文化的一个载体，具有深厚的文化内涵和广泛的文化意境。人们置身其中，即可感受到浓浓的文化气息和强烈的文化意味。以下从人本主义、历史文脉、地域特色三个方面进行分析。

1. 人本主义

在城市景观设计中，要坚持"以人为本"的原则，应充分尊重人性，肯定人的行为需求及精神需求。人是城市景观的主体，因此人的基本价值需要被保护和尊重。作为人类精神活动的重要组成部分，城市景观设计透过其物质形式展示设计师、委托方、使用者的价值观念、意识形态及美学思想等。首先要体现其使用功能，即城市景观设计要满足人们交流、运动、休憩等各方面的要求。同时，随着经济社会的发展，人们对城市景观的要求超出了其本身的物质功能，要求城市景观设计能够贯穿历史，体现时代文化，具备较高的审美价值，成为精神产品。"以人为本"就是要满足人对城市景观物质和精神两方面的需求。

2. 历史文脉

城市景观设计中的历史文脉，应更多地将它理解为文化上的传承关系。历史文脉是具有重要艺术价值、历史价值的事物，能在一定时期重回历史舞台，对社会的进步和发展起到积极的作用。

历史文脉的构成是多方面的，通常可分为偏重历史性的历史文脉和偏重地域性的历史文脉，有时这两种历史文脉是贯通和重叠的。设计师应该顺应这种景观发展趋势，尝试运用隐喻或象征的手法，通过现代城市景观来完成对历史的追忆，丰富全球景观文化资源，从景观的角度延续历史文脉。当然，选择以历史文脉要素作为景观设计的动态要素不是每个城市都适用的，有些新兴城市并没有悠久的历史，可以将当地的地域特征作为切入点，切勿盲目追随。

3. 地域特色

地域特色是一个地区真正区别于其他地区的特性。所谓地域特色，就是指一个地区自然景观与历史文脉的综合，包括气候条件、地形地貌、水文地质、动植物资源，以及历史、文化资源和人们的各种活动、行为方式等。城市景观从来都不是孤立存在的，而是始终与周围区域的发展演变相联系，具有地域特色。

恰当地将植物景观设计与地形、水系相结合，能够共同体现当地的自然景观和人文景观特征。可以利用植物的类型或地形的特点反映地域特征，使人们一看到这些自然景观就能够联想到其独特的地域背景。例如，山东菏泽用"牡丹之都"作为城市意象，牡丹已经成为这个城市的一种象征，人们看到其景自然会想到这一城市的环境特征。又如，提到"山城"，人们自然会联想到重庆，体现出其地形起伏有致的城市景观特点。每一寸土地都是大地的一个片段，每一个景观单元也应该是反映整体性地域景观的片段，并且在城市发展中得到历史的筛选和沉淀。

三、景观设计的条件

（一）法规条件

景观设计行业相关法规通过对景观行为的界定，为行业的健康发展消除障碍，同时通过法规保证景观建设的顺利实施。标准与技术规范是同景观设计相关的技术保障，设计师只有掌握相关法规及技术规范，才有可能实现优秀的景观设计。

1. 政策法规

在景观设计中需遵循的政策法规主要包括法律、行政法规、地方性法规、部门行业规章四大类。

（1）法律。法律是指国家最高权力机关，即全国人民代表大会及其常务委员会制定、颁布的规范性文件的总称，其法律效力和地位仅次于宪法。例如，《中华人民共和国城乡规划法》《中华人民共和国建筑法》《中华人民共和国环境保护法》等。

（2）行政法规。行政法规是指国家最高行政机关国务院依据宪法和法律制定的规范性文件的总称，它包括由国务院制定和颁布的，以及由国务院各主管部门制定，经国务院批准发布的规范性文件。例如，《风景名胜区管理暂行条例》《中华人民共和国森林法实施条例》《城市绿化条例》等。

（3）地方性法规。地方性法规是指地方权力机关根据本行政区域内的具体情况和实际需要，依法制定的本行政区域内具有法律效力的规范性文件。例如，《广东省城市绿化条例》《广州市绿化条例》《湖北省绿化实施办法》等。

（4）部门行业规章。部门行业规章是指国务院各主管部门和省、自治区、直辖市人民政府，以及省、自治区政府所在地的市或经国务院批准的较大城市的人民政府依据宪法和法律制定的规范性文件的总称。例如，《城市绿线管理办法》《城市园林绿化管理暂行条例》等。

2. 标准

标准是对重复性事物和概念所做的统一规定，它以科学、技术和实践经验的综合成果为基础，经有关方面协商一致，由主管机构批准，以特定形式发布，作为共同遵守的准则和依据。

（1）国家标准：对于需要在全国范围内统一的技术要求，应当制定国家标准。国家标准由国家标准化管理委员会编制计划，统一审批、编号、发布。国家标准代号为 GB 和 GB/T，其含义分别为强制性国家标准和推荐性国家标准。国家标准在全国范围内适用，其他各级标准不得与之相抵触。

（2）行业标准：对于国家标准内没有，又需要在全国某个行业范围内统一的技术要求，可以制定行业标准。行业标准是专业性、技术性较强的标准，它由行业标准归口部门编制计划、审批、编号、发布、管理。行业标准也分强制性与推荐性，如城建行业标准的代号是 CJ，国家推荐城建行业标准的代号是 CJ/T。作为国家标准的补充，当国家标准实施后，相应的行业标准即行废止。

（3）地方标准：对于国家标准和行业标准内没有，而又需要在省、自治区、直辖市范围内统一的技术要求，可以制定地方标准。地方标准在本行政区域内适用，不得与国家标准和行业标准相抵触。地方标准代号为 DB 和 DB/T，分别为强制性地方标准和推荐性地方标准。当国家标准、行业标准公布实施后，相应的地方标准即行废止。

城市更新方面的标准有《城市和社区可持续发展 宜居城市总体要求》《公园城市建设评价指南》《国家森林城市评价指标》《海绵城市建设评价标准》等。

3. 技术规范

技术规范是有关景观设计、施工、管理等方面的准则和标准。目前通用的技术规范有中国建筑标准设计研究院出版的一系列有关景观方面的施工图集，如《城市居住区规划设计规范》《城市道路绿化规划与设计规范》《公园设计规范》《环境景观：室外工程细部构造》《建筑场地园林景观设计深度及图样》等。

（1）城市更新方面的技术规范和要求：2021年8月，住房和城乡建设部发布《关于在实施城市更新行动中防止大拆大建问题的通知》，要求严格控制大规模拆除、增建、搬迁，保留利用既有建筑，保持老城格局尺度，延续城市特色风貌。2023年7月，住房和城乡建设部网站发布《关于扎实有序推进城市更新工作的通知》，对城市更新工作提出五个方面的要求，即坚持城市体检先行、发挥城市更新规划统筹作用、强化精细化城市设计引导、创新城市更新可持续实施模式、明确城市更新底线。此外，全国主要城市陆续发布了城市更新办法和条例，如北京、上海、成都、石家庄、哈尔滨、郑州等。

（2）公园城市规划要求：2024年，住房和城乡建设部制定了《城市公园管理办法》，同时组织了相关部门陆续编制了《湿地公园设计标准》《城市湿地公园管理办法》等标准，为推进公园城市建设，增强城市发展韧性，打造园林城市、海绵城市提供了参考。

（二）经济条件

人居环境景观的更新提质离不开经济投入，经济几乎是启动景观更新提质的决定性条件，社会生产力和经济背景是更新提质活动的重要背景。

首先，经济发展水平是景观建设的重要基础。随着经济的快速增长，我国迎来了大规模的城市化改造运动，高层建筑、豪华住宅、商业复合体等高端建筑大量涌现，这些都为景观建设提供了物质基础。同时，商业发展也是推动景观变化的重要因素。大型购物中心、酒店、餐饮企业等商业设施的崛起，为景观建设提供了更多的资金来源和投资动力。人们的生活与享受紧贴社会生产力和经济背景。

其次，政府财政投入和政策支持在景观建设中发挥着重要作用。政府通过制定相关政策并投入资金，引导和促进景观建设的发展。例如，政府可以设立专项资金用于城市公园、绿化带等公共景观建设，也可以通过税收优惠等政策鼓励企业和社会资本参与景观建设。

再次，市场需求是影响景观建设经济条件的重要因素。随着生活水平的提高，人们对美好生活的向往愈加强烈，这将推动景观设计项目的创新和差异化，提高经济效益。同时，景观设计项目还需要充分利用技术手段提高经济效益，如利用大数据分析技术对项目需求和投资收益进行科学的评价和预测等。

最后，景观建设的经济条件也受到与其他领域合作的影响。景观设计与旅游、文化、建筑、城市规划等领域的合作，可以实现资源共享和优势互补，提高项目的综合价值和经济效益。

（三）技术支撑

技术构想又称为技术策划，是以景观空间构想为前提条件，研究构想空间中的结构选型、构造环境装置及材料等技术条件和因素的过程。它涉及空间中的结构构造、装饰材料、设备材料、植物群落的选择等技术及硬件准备。在进行技术构想时，需要明确建设条件与需求、确定建设目标与原则，然后展开技术构思。

1. 技术选型

技术选型是指在多种技术选择条件下进行系统的研究比选，且对不同技术方案从景观功能、空间形式、文化需求、生态适应性、工程影响、建设投入、运行成本等方面进行优劣对比分析，并给出合理的方案和设计要求，从而形成因地制宜、优势互补的技术选型策略的过程。它是与构想的景观空间相关联的最普遍的结构方式，以及特殊场合的结构选型和结构的开发条件。景观的空间结构通常有自然景观、人造景观，景观的材质结构有硬质景观、软质景观，在时间上可分为夜晚景观和白天景观，等等。

2. 建构选型

景观的建构选型是对需求、环境条件、经济技术水平综合协调的结果，如对环境生态、人工、文化等侧重的综合考量，形成景观建构选型。建构方式与景观总体形态和节点形式密切关联，涉及规划学、建筑学、生态学、植物学、美学、营造学等领域的知识，尤其强调景观构造的安全性、功能适用性、生态适应性、造价与养护的合理性、空间形式与材料运用的审美性等方面。不同性质的空间应选择相应的构造方式，并且满足该空间的生活使用需要（功能要求），这是结构选型的关键。

从空间形式来看，景观的构造要素由点、线、面组成，即焦点型空间、廊道型空间、区块型空间等。

四、景观设计过程

景观设计过程包括以下几个步骤，即概念设计、方案设计、扩初设计、施工图设计及后期服务等。人居环境景观设计遵循基本设计步骤，可以减少景观设计工作中的不确定性，同时增强设计结果的可预见性和设计工作的秩序性，改善整体设计工作质量，提高设计工作的效率。

（一）概念设计

概念设计是"发现问题—分析问题—解决问题"的过程。此步骤通过确定景观设计方向，收集、整理、分析资料等来确定场地特性，以指导下一阶段的方案设计、设计依据、设计主题和设计风格。这一阶段可发散思维，找出多种思路，筛选出合适的设计方案。

（二）方案设计

方案设计是指根据实际需求、施工场地的实际情况，结合相应的设计理念（如绿色设计理念等）进行设计和实施的过程，也可以说是设计理念的具体呈现形式。

（三）扩初设计

处于方案设计与施工图设计之间的设计，就是扩初设计，主要是针对已有的设计方案进行扩充，并不断升华设计的深度，增加设计的可行性。

（四）施工图设计

根据各项施工标准、规范、要求进行施工图设计，是施工过程中的数字化展现。对施工图纸的内容要进行严格的审校，保证施工图纸的准确性和可实施性，并避免错误的出现。

（五）后期服务

后期服务是指在景观设计完成后，设计人员配合项目管理人员解决好施工中出现的各类问题，如设计变更、设计补充、设计调整等，同时还包括设计交底及施工现场的注意事项等。

第三节　景观功能与空间

一、景观功能

（一）生态功能

人居环境景观的功能是综合的、多层次的、多方面的。景观在满足人类的活动需求之外，在美化环境、烘托其他景观、保护区域生态环境方面也起着重要的作用。景观功能中很重要的一个功能就是它的生态功能。景观有多种分类方式，但是能够影响景观生态功能的主要还是景观的基本因素，如场地、道路、建筑物、植被、人造地表、裸露土壤、水体等。

人居环境景观与生态的关系体现为影响自然环境、影响热环境、改变水环境。实际上，景观的建设也自然具有上述三种功能。

1.景观在自然环境中的生态功能

人居环境景观与自然生态系统形成一定的相互作用。从整体的角度来看，景观的建设对生态系统产生一定的影响，也带有一定的生态功能。生态系统是指在一定的地域内，生物与环境构成的统一整体。生态系统包括生物成分和非生物成分，其中生物成分包括生产者、消费者和分解者，非生物成分包括阳光、空气、水、土壤等。人居环境景观对生态系统的作用，主要表现在影响植被、水、土壤、地形和通风等方面，对生物生产、能量流动、物质循环和信息传递形成影响。

生态系统的生产者主要是指绿色植物，其能够通过光合作用制造有机物，为自身和生物圈中的其他生物提供物质和能量。植被的改变必然影响消费者和分解者。作为消费者的各种动物对生物圈中的物质循环具有重要作用。由于水土、植被及空气环境的改变，生长于其中的分解者（细菌、真菌等微生物）发生改变，从而改变了生态系统的物质循环。

不科学的景观建设会破坏区域原有的水土、植被，导致该区域不能形成良好的生态环境。其中，水土的改变将影响植物生长，进而改变生物生产、能量流动、物质循环。植被对大气环境也存在影响，植被具有滞尘能力、固碳能力、释氧能力、有害气体吸收能力、杀菌能力等，可以净化大气环境。

2. 景观在热环境中的生态功能

植被的状态对热环境有影响。由于植物对周围环境有降温增湿的功效，因此植被的物种丰富度、面积大小、聚集程度、景观形状，均会使人居环境景观的生态功能发生变化，从而影响热环境。

道路对热环境的影响具有双重作用。一方面，道路材质特殊，容易吸热，道路车流量越大，产生的热量也越多；另一方面，道路可以看作景观镶嵌体的通风廊道，能够起到很好的通风效果，可以在一定程度上缓解热岛效应。

建筑物的状态对热环境可以形成影响。建筑物越密集，这个区域的热岛效应就会相应加重。建筑物与区域的常年主导风向夹角、建筑物的排列方式等，都会影响其所在区域的通风性。例如，高度较高的建筑物，在主导风向的下风向更有利于区域环境的通风效果。建筑物的排列方式对于该区域的通风效果也有影响，错列式优于并列式，并列式优于合围式。不科学的景观建设会导致城市不能形成良好的通风环境，热岛效应更加严重。

水域对热环境的影响很大，水域可以吸热降温。尤其是一些自然水域，如河道、湖泊、大海等，对热环境的影响更为显著。

3. 景观在水环境中的生态功能

人居环境景观直接影响着地形，对河湖的改造可直接改变水体的自然状态。景观空间的异质性导致城市区域径流系数发生变化：建筑物的分布越密集，不透水面积比例也会随之增大，降水过程中的下渗量就会减少，区域径流系数会随之变小。人工环境以及建筑物在降水过程中，除建筑物本身的排水装置之外，还会改变降水的下降速度、汇聚、汇流局面，从而印象环境。

雨水在下降过程中，会冲刷带走建筑物表面沉积的大气颗粒污染物和部分建筑物表面材质，造成径流污染，对水环境产生影响。道路路面会沉积一些污染物，在降水过程中形成径流污染。

在降水过程中，植物会对汇流速度产生影响。在雨水下渗过程中，土壤表面的植物落会改变雨水的下渗量；在日常蒸发过程中，土壤表面的植物又会改变水分的蒸发量，从而以微环境影响水循环。

（二）休憩功能

"休憩"一般是指人在劳累时进行短暂的休息，疲劳以后的休息是能量从消耗到恢复的生理学过程，也包括精神疲劳的恢复。休憩源自拉丁语"recreatio"，意思是"恢复、更新"，其英文为"recreation"。人居环境景观服务于人的活动，担负着劳动力的生产和再生产，因此休憩功能是人居环境景观的重要组成部分。

景观的休憩功能使人们的疲劳得到合理调节，生理疲劳和精神疲劳得到缓解、消除，使人恢复体力和精力。景观的休憩功能是人们获得身心放松和健康的一种途径，景观环境从而成为人的劳动力再生产的积极要素之一。

休憩空间是指人们在业余生活中按照自主、自发的方式进行的，旨在进行缓解疲劳、随机交往等多种活动所需的空间场所。应该创造一种满足休憩多功能要求的物质空间环境，充分满足人们休憩行为的需要。人居环境景观的休憩功能有以下三大效用。

1.调节身体状态，放松心情

处于工作、学习"快节奏"中的人们，更加向往与渴求回归自然。景观空间作为与人们日常生活出行接触最为亲密的空间，在城市用地快速扩张、景观与绿地逐渐减少的今天，成为人们工作生活之余最便于寻求的绿色空间。通过绿意盎然、形式丰富、充满生动趣味的景观设计形式，隔离城市机动交通带来的喧嚣，促使人们放慢脚步、放松精神、缓解疲劳，达到调节生理、心理及精神状态的目的。

2.满足精神需求，获得归属感

景观凭借其特有的表现形式，可以自然而然地形成休憩功能。景观通常具有空间开敞、路径和场地可供自由活动、带有层次丰富的自然元素、形态流畅等美学特点。融入一定的文化元素，可以满足人们不断提高的审美需求，形成独特的地域魅力，进而使精神疲惫的人们获得归属感。

3.提供丰富的游憩空间，满足多元需求

景观的积极意义更多体现在由景观营造出的休闲、游憩、运动等空间氛围，使人们在工作生活之余进行慢行、休息、交流、娱乐、运动等活动时，拥

有更加舒适、宜人的户外景观空间。通过设置休息、卫生、娱乐、商品售卖、功能标识与自行车停放等相关基础服务设施，满足居民在进行活动时的多元功能需求。景观空间通常还与城市公共交通换乘站点相结合，以方便快慢交通方式的转换，为行人提供出行便利（图2.3.1）。

行人　　　　　跑步　　　　　骑行

候车　　　驻足　　　拍照　　　查询

放学回家　　购物　　街头表演　　街头滑板

街头绘画　　遛狗　　玩耍　　室外咖啡

节日庆典　　办公　　展览　　太极

图2.3.1　功能需求决定景观空间

（三）文化功能

文化景观是人类有意设计和建造的景观，或是人类活动与自然活动共同形成的景观。文化景观是自然与人类的共同作品，具有多种多样的形式。景观空间承载着人的活动，或多或少地带有人文的东西，在人的活动所到之处也存在文化功能需求。

景观存在于一定的自然气候条件下，自然气候则长期影响着当地人的行为和习惯，继而形成一定的文化。景观空间普遍带有地域文化。地域文化是指某个地区在一定时期的历史演化中形成的不同于其他地区的特有文化，一般是指风土人情、历史人文、民俗传统、生活习惯等。地域文化表现在景观方面，包括特别的自然景象、生态景观、物候景观及人工设施。地域文化表现出地域性、民族性、时代性，需要对地域文化的产生、积淀、传承和创新有一定的理解，才能在景观空间中进行合理的运用。

（四）复合功能

人居环境景观的功能并不仅仅是视觉上的，无论是其美学功能，还是其休闲、游览、经济等功能，都是复合存在的。复合功能主要体现在生产、生活、休闲三个方面的需要被同时满足，如道路承载着生产通勤、学习锻炼、休憩康体、休闲娱乐、生活交往、文化与精神交流，甚至亲近自然等功能。大量的人居景观环境除了服务于休憩活动，还有生态方面的功能。商业、文化活动、教育及科研科普等使用功能与景观环境的结合，是景观复合功能的第一体现。景观的复合功能够随着其所在区域和人的活动产生变化。

城市的中心区是一个城市的心脏，以人的活动为主。对于城市系统来说，这里是文化中心、娱乐中心、商业中心、公共活动中心、服务中心。城市中心功能高度浓缩，包括大容量的建筑、频繁的交通、密集的信息、高密度的人流、高度集中的物质等；是城市中心功能的复合体现之一，如美国迈哈顿、日本东京的银座、广州珠江新城等 CBD 景观。

城市边缘或中心生态区则以生态保护为主，对人的活动进行适当控制，如广州的城央湿地海珠湿地、白云山是典型的城中心生态区。城市边缘更多地凸显人的活动功能与生态功能的复合性。

景观遍布于人们的生活环境中。由于生活的日益多样化，以及建筑或自然环境类型的差异，景观的空间形态、空间特征和功能要求也在发生变化。由于科技的进步，人们观念的变革，交流的广泛，信息技术的迅速发展，景观在功能和形式上不断呈现消亡与诞生、更新与变异、主流与支流的交替变化。不管景观如何发展变化，其基本的构成要素相对恒定。任何一个景观环境都应满足一定的功能要求，有一定的目的性，这样的景观才有其存在的价值。

二、景观空间

凯文·林奇（Kevin Lynch）在《城市意象》一书中将城市形态归纳为五种元素——路径、边界、区域、节点和标志物。利用几何学的思路来看景观空间，可以将景观空间分为区块型空间、廊道型空间、焦点型空间和特殊型空间四类。

（一）区块型空间

1. 区块型空间的概念

大地上的区块是一个较为广泛的概念。狭义的城市区块是指城市内按其功能（职能）划分的小区。广义的城市区块可理解为城市发展和与之紧密相连的周围地区间的一种特定的地域结构体系。

从狭义的角度来讲，人居环境景观的区块是实现城市某种职能的功能载体，或是带有被普遍认同的环境特征的空间区域。它由相应功能与空间形态共同构成，集中地反映地域的环境空间或经济文化需求特性。

为了建设具有创造性的人居环境景观区块，首先要确定外围边框并在内部形成功能与空间秩序。当具有明显的内外部框架后，人们可以有计划性地划分内部功能和区域空间形态，合理配置空间资源，构建健康舒适的社会环境和空间环境，使每个区块型空间具有识别性，形成丰富多彩的景观区块集合体。可以说，区块型空间的概念可以从空间形态、功能特征或认知习惯方面进行分析（图2.3.2）。

2. 区块型空间的特征

城乡区块内部文化和外部因素各种力量相互作用，在城乡内部规划出有利于生产和生活的工业区、居住区、商业区、行政区、文化区、旅游区和生态绿化区等区块型空间。其中，居住区、商业区、文化区、旅游区和生态绿化区是城乡人居环境空间布局的主要因素，是城乡形成和发展的基础。

随着社会的不断发展，城乡人居环境是民众生活和活动的地方，不同规模和性质的居住区，乡村景观侧重自然景观背景，城市景观侧重人工景观背景，表现出不同的地域分化，形成独特的居住地域结构。

图2.3.2　广州沙面岛是典型的区块型空间

　　居住区是指具有一定居住人口规模，以居住建筑为主，有生活配套设施和道路公共设施的区域。商业区是指以商务活动和购物活动为主的区域，是各种经济活动的枢纽，也存在商业与居住功能混合并置的区域形态，许多城市的老城区便有这种特点。文化区是指具有某种文化功能属性、特色文化氛围的人群活动区域。旅游区和生态绿化区则由服务旅游需求或生态功能而形成。区块型空间的特征为具有一定的空间尺度规模，承载特定功能，显示突出的风貌或生态环境。

（二）廊道型空间

　　人居环境景观的廊道型空间是环境景观中具有一定尺度、连续性，形态为带状的地段。廊道型空间承载着连续的视觉体验和较大的人流量；串联着城乡中的各种区域，以及城乡的历史和未来。例如，道路、河流、绿道通常以自然曲线的形式展开，形成自然的廊道型空间（图 2.3.3、图 2.3.4）。

图2.3.3　河流形成的廊道型空间

图2.3.4　绿道形成的廊道型空间

　　按照构成要素关系，廊道型空间可以分为人工廊道、自然廊道和混合型廊道三大类。人工廊道以路径、林带、建筑等形式出现，具有以点连线、以线组段、连片成面的特点（图2.3.5）。自然廊道则以河湖水体及生态廊带等形式出现，具有以渠道、廊带串联贯通的特点。混合型廊道是人工廊道与自然廊道的混合交织。廊道概念，一般认为源于景观生态学领域。在"斑块—廊道—基质"理论架构中，廊道型空间区别于代表"点"的节点空间（斑块）和代表"面"的区域空间（基质），而是代表"线"的狭长地带和带状空间。城乡环境中的路径通道、交通廊道、生态廊道、河流廊道、旅游廊道、文化廊道，以及风景线、管线走廊等都属于"廊道"，具体有街道、道路、绿道、碧道、河道、驿道等，其空间形式具有相似的几何形态特征。廊道型空间的典型形态是廊道主线加上两侧界面形成的 U 形截面沿线性连续展开，两侧界面或沿线连续闭合或区段开敞。

图2.3.5　街道典型线性空间

1.线性纽带的支撑作用

城乡空间结构是一套复杂的系统，大量不同的功能板块交织。从宏观视角而言，道路、河流、大型的带状绿地和生态廊道作为线性空间，可以有效发挥其串联作用，作为纽带联系各功能板块和节点，甚至连成网络体系，将碎片化的区域资源有效整合在一起。通过线性连接，打破了原有的自然边界或行政边界，也减少了板块边缘的递减效应，起到结构支撑作用。廊道的发展也关系着城乡格局的变化，廊道对周边地区的带动效应也是城乡结构优化更新的重要依据。

2.引导流量的通道作用

廊道既代表线性关系，其本质也是空间，是承载各种流量的通道。与人居环境空间格局结合来看，可细化成交通、生态、文化、产业经济、休闲娱乐等引导资源功能汇集发展的导向型空间。廊道作为资源流量的载体，并不仅仅是连接两端的纽带。在形态上，廊道型空间表现出一定尺度的连续性、开敞性及整体性，在廊道及廊道通过的区域中，能够表现出一定的空间开敞性、形态连续性、功能多样性、服务公共性、设施基础性及体量规模化等。因此，廊道型空间对城乡环境具有天然的辐射效应和潜在的发展价值。

（三）焦点型空间

任何设计都是和已经存在的场地的对话。白纸上的一个点引人注意，它就是焦点。作为观看者，人们不知不觉地把这个点的位置和纸的边界联系起来。这个道理同样适用于开放空间，只有和空间环境联系起来，每个特殊的点对空间环境的干预效果才是可理解的。

景观空间对于观察者而言，实际上是由各式各样的"焦点"构成的。焦点的创造基于它们的特殊位置或它们在空间环境中的特色。事实上，人们时刻都在寻找联系、分类现象，把现象"联系"起来对于焦点来说是非常重要的。焦点在特定的空间环境中是特殊的、非凡的区域。

作为一个独立的现象，焦点不能放在空间环境外理解。它们的效果、它们的特色、它们的"命运"和周围的环境特性不可分离。但是，它们也影响环境。

焦点可以加强、改变或创造空间环境。它们定义面，浓缩含义，吸引注意力，是"吸引者"。焦点是人们运动、观看、行动时的停顿点及方位点。同时，它们影响环境，联系空间中的不同物体。

焦点的另一个特征是它们能够被比较并描述。相比于环境，它们是较大的、较小的、发光的、较暗的、较圆的、有棱角的、较蓝的、较绿的、隔声的、柔软的、有趣的、令人兴奋的、令人厌烦的、较清晰的、较空的、较满的等。

相比于周边的物体，焦点是非常特殊的。因此，它们的特殊性能够"自动"（基于简单的几何位置）从空间的形式或从边界中（如平台中心统一的面、与边界平行的线、由强烈方向感联系的完美延伸）产生。同样的方法，一个特殊的位置能够从特殊的形态特质中凸显出来。在开放的地形中，明显从环境中跳出来的是暴露的区域，如小山顶、陡坡上的平台、特殊的地貌线（斜边、角线、脊线）和河床等。

（1）广场空间形态。随着城市建设的高速发展，城市内部空间可利用的土地越来越少，导致城市区域建筑密度越来越大。为了解决建筑密集问题，广场空间的设计与利用极大地丰富了城市的空间层次，给予人们舒适的生活空间，为丰富城市空间的形态起到了巨大的作用。

（2）节点空间形态。节点是城市空间景观视线和人流的焦点，主要构成城市平面的基本点，是街道的连接点或街道的交叉点，起到参照的作用。这种城市节点空间形态属于城市街道的扩展空间，可以是街心广场，也可以是城市中心区，具有城市中心代表性的空间形态。地标、雕塑，甚至大树等，只要其景观的影响力、空间的辐射力足够大，一景一物都能够形成节点空间。

（四）特殊型空间

特殊型空间是指那些具有独特设计、功能和意义的空间，它们在城市和环境中扮演着重要的角色。

1. 地标性建筑

地标性建筑不仅体现着城市的特质与品格，更是城市发展的有力见证。这一问题早在 1977 年的《马丘比丘宪章》中就得到了解答，"在我们的时代，现代建筑的主要问题已不再是纯体积的视觉表演，而是创造人们能够在其中生活的空间。强调的已不再是外壳，而是内容。不再是孤立的建筑，而是城市组织结构的连续性"。建筑不是一个个体，其应首先满足人和城市发展的需求，并保持互相间的紧密联系和呼应，这将有助于建设和谐的环境。

耶鲁大学哲学系教授卡斯滕·哈里斯（Karsten Harries）也有一个著名的观点："建筑应该是对一个时代最可取的生活方式的诠释。"他在著作《建筑的伦理功能》中写道："建筑不仅表达，而且想要表达文明的价值和有关的东西。"因此，文化是城市的内核和灵魂，没有文化的城市是没有凝聚力和发展活力的城市。地标性建筑要表达本土的文化特征和精神气质，要承载人们真正的生活需求和情感。

2. 废弃空间

废弃空间是指原有功能报废，或使用价值被放弃的空间。每个城市都存在着各种各样的废弃空间，对人居环境景观造成一定的影响。例如，生活中常见的一些桥下空间，以及废弃宅基地、工厂、垃圾场或者一些城市边角空间等，这些废弃空间不能为周边人群和社会创造经济价值和社会价值。废弃空间不应一直废弃，需要在改造中得到利用和重生。对废弃空间的改造一直受到人们的关注，改造的作品也越来越多。例如，美国高线公园原来是一条废弃的铁路干道，改造后成为独一无二的空中花园走廊。从废弃到合理利用，从无人光顾到深受喜爱，改造使得废弃空间焕发新生。

废弃空间的产生主要有四个原因：一是经营不善、破产，导致空间废弃；二是破坏环境、影响周边居民生活，导致空间废弃；三是不能够满足需求且不能带来经济效益，导致空间废弃；四是处于偏僻区域不能够吸引更多的人群，导致空间废弃。废弃空间使得整个区域不仅不能散发活力，而且造成空间消沉。废弃空间改造，成为城市消极空间再造的重要方式。

废弃空间改造是指合理利用废弃空间，使得废弃空间得到最大限度的利用，满足人们对物质和精神方面的需求，使得人与环境得到良好的互动、和谐共存；减少污染，构建绿色健康、环境优美的社会环境，让城市变得更加干净整洁。废弃空间的改造应符合绿色环保、生态恢复和可持续发展的要求，对于社会环境治理、区域生态系统、绿色城市发展有着非常重要的作用。在未来，这些废弃空间一定会散发出自己的魅力。

对于废弃空间，首先需要进行的是功能重组和重新设计。根据废弃空间的特点和需求，可以将其改造成新的功能区域。例如，将废弃的仓库改造成艺术工作室，或者将旧厂房改造成创意办公空间。这种改造方式需要设计师和建筑师具备创意和技巧，以及对空间功能的深入理解。而对于一些结构完整的废弃建筑，可以通过内部改造和装修来焕发新生。这包括对内部布局的重新规划、墙体的拆除或重建，以及对电气线路和管道的重新布置等。通过改造，可以让废弃空间变成一个功能齐全、舒适宜人的新空间。对于一些较大的废弃空间，如废弃的工业区或矿区，可以通过绿化和景观设计来恢复其生态价值。例如，种植树木和植被，增加绿化面积，不仅可以改善环境质量，还能够提高生物多样性，使废弃空间变成城市中的"绿色肺叶"。废弃空间的改造也可以结合艺术和文化创意，将其打造成具有独特艺术气息的文化空间。例如，可以将废弃的工厂或仓库改造成艺术展览馆或文化创意产业园，展示当代艺术作品，促进文化交流。废弃空间的改造还可以用于建设社区设施，如社区活动中心、图书馆或公共休息区等。这些设施能够增强社区的凝聚力，提供公共活动的场所，促进社区成员之间的交流和互动。

3. 桥下空间

在桥下空间的研究中，不同的学者对桥下空间的定义也有所差别。狭义的桥下空间是指桥面与其在地面（水面）垂直投影之间的半封闭空间。广义的桥下空间是指桥梁的附属空间，除了桥梁的下部空间，还涵盖桥梁周边被桥梁影响的场所空间，如匝道围合的绿地、桥梁两侧与建筑或其他要素之间的空间等。

4. 瞭望空间

瞭望空间作为城市景观或自然景观中的一个特殊区域，通常具备以下特点：一是具有足够的高度，以便观察者能够站在高处，俯瞰周围的景物；二是视野开阔，无遮挡或少遮挡，能够清晰地看到远处的景物；三是具备安全舒适的观察条件，可以设置护栏、座椅等设施，以确保观察者的安全并提供良好的观察体验。瞭望空间是人们了解周围环境、感知自然和城市的重要方式之一。通过观察，人们可以更加深入地了解周围环境的特征和变化。在实际应用中，瞭望空间可以表现为多种形式，如山顶的观景台、高楼的观景台、城市的塔楼等。这些瞭望空间不仅为游客提供了观赏美景的场所，也成为城市或景区的标志性建筑（图 2.3.6、图 2.3.7）。

图2.3.6　瞭望空间可以俯瞰周围景物

图2.3.7　瞭望空间应确保观察者的安全

第四节　特殊型景观

在人居环境中，因特殊地点、时间、事件或特殊社会活动而形成的景观，即特殊型景观。例如：区域专属的地标景观、城市天际线、历史景观；人文活动事件形成的节庆景观，如节日庆典、龙舟竞渡、游神庙会等；时候性、物候性的临时景观，如花开花谢、潮起潮落、海上生明月的季相景观，云蒸霞蔚的气象景观，日出日落、流星飞逝的天文景观。

将时空关系与物候变迁、人文活动事件结合起来，才能使人居环境景观的价值与人的价值得到充分发挥。

一、地标景观

地标性建筑和广场、雕塑等代表性景物是空间的重要标志和象征，它们不仅仅是一幢幢建筑物，更是人居环境的代言人和精神符号，体现了人居环境的生机与繁荣，也诠释了居民的文化精神与智慧。地标景观在现代人居环境中扮演着重要的角色，也成为人们的精神依托点（图2.4.1）。

图2.4.1　地标景观

在历史街区中，地标景观不仅代表了一段历史面貌，还承载着历史记忆和文化传承。许多地标景观都经过历史的洗礼和岁月的沉淀，它们见证了区域的兴衰和发展，是区域传统和文化的重要组成部分。例如，埃菲尔铁塔作为巴黎的地标性建筑，见证了法国的工业革命和现代化进程，同时也成为法国文化的象征和旅游胜地。

地标景观作为人居环境景观的重要组成部分，具有独特的景观风格和设计理念，在设计上追求独特性和艺术性，通过创新的技术、材料和造型，构建令人惊叹的景观形态。例如，哈利法塔是世界上最高的建筑。

地标景观是文化和精神的体现，它们为居民提供了身份认同感和归属感，增强了地域的凝聚力和集体荣誉感，成为居民休闲游赏、文化活动，以及外来游客交流和互动的重要场所，促进了地域文化的交流和发展。

地标景观作为区域的标志性、代表性景观，具有强大的吸引力，地标景观也成为区域形象的代言人，它们吸引了大量的居民活动、游客观光和投资，带动了区域相关产业的创新和繁荣，对景观的经济价值起到了稳定和提高的积极作用。

二、天际景观

（一）城市天际线的概念

"天际线"通常被认为是19世纪以后才出现的专业术语。在19世纪以前，天际线等同于地平线，它是一条基本没有人为手段改变和干扰的自然景观形成的交际线，用来表示天与地交接的地方。直到19世纪末，美国出现了大量的高层建筑，天际线才与建筑发生联系，原有天际线与地平线一致的含义已经不能诠释垂直景观的意义。因为，天际线的原意"地平线"是线性的、水平的，是"消极'的，不能概括人类在城市景观中新出现的"积极"的、垂直的建筑形式，也不能充分表达城市景观在高度上发生的变革和呈现出的崭新面貌。于是，19世纪末出现了关于天际线的新解释——以天空为背景的建筑、建筑群或其他物体的轮廓或景象。

城市天际线是城市在纬度上所表现出来的空间形态。形态完整、连续、清晰的建筑物与自然景观要素巧妙结合的城市天际线，不仅可以提高城市的地域特色和识别性，也可以使城市具有独特的魅力，让人们更加喜爱自己居住的城市。所以，脱离了地域特色的城市天际线是缺少灵魂的，是没有生命力的。城市天际线本身不完全是人为规划出来的，它不仅仅是成组的建筑物与天空相邻的界面，更是城市经过漫长的历史，层层洗涤而沉淀出的能够体现城市文化底蕴和特色的城市景观形象（图2.4.2）。

图2.4.2　城市天际线

（二）城市天际线与城市空间的关系

城市空间一般由城市底界面、城市侧界面和城市顶界面组成。

城市底界面，即地面道路，建筑物耸立其上，汽车行驶其间，体现出城市的活力和城市的个性，如城市现代的繁荣，或城市历史的记忆，或城市休闲的浪漫等，人们生活、休闲于其中。

城市侧界面，即道路两侧的建筑立面集合而成的竖向界面，折射出一座城市的历史、文化，反映了城市带给人的精神文明。例如，北京故宫的建筑立面为红墙黄瓦，红色为中国古代崇尚的颜色，黄色代表中央方位，黄瓦是古代等级最高的瓦。北京故宫的建筑立面是当时皇权和尊贵的象征；而宏村的建筑立面则反映的是地方主义，展现出其地域性。

城市顶界面，由城市侧界面与天空的交线叠合而成，即传统意义上的城市天际线。城市天际线不同的起伏变化带给人不同的视觉感受，有的平缓，有的壮丽，有的优美。

（三）城市天际线的构成要素

城市天际线的存在意义主要是让人去看、去感知，是以景观为主的美学展示。因此，可以将城市天际线的构成要素分为自然景观要素和人文景观要素两大类。

1. 自然景观要素

（1）地形地貌。城市所处的自然地理环境，如盆地、山丘等。山最能代表天际线的自然轮廓，它丰富了人观看城市天际线的位置，山的形态走势也限制着城市建设的发展。

山脊线是指沿山脊走向布设的路线，其最能代表自然轮廓，是天际线的唯一物化要素，也是控制性的物化要素。若没有建筑群的遮挡，山的顶部就是天空，虚的天空和实的山脊线构成了强烈的对比，易于被人们感知。因此，城市天际线也可以说是以山为大轮廓线背景下的人工轮廓线。若以山脊线作为主要天际线构成要素，则天际线可分为以山体为主的天际线、以建筑群为主的天际线。

①以山体为主的天际线：在具有特殊造型山体走势或名山周边的城市，天际线就应以山体为主，建筑群放在从属的地位。例如，广西桂林的山体造型独树一帜，群山围绕，城市建设依傍山体，山中有城，城中有山。这类城市的天际线必须严格控制建筑高度，凸显出自然山体和景观特色。

②以建筑群为主的天际线：必须满足山脊线的完整性。例如，香港除了控制建筑高度和建筑特色，还要控制建筑与山体的关系，建筑高度呈梯田状逐渐往山体方向变高。这样的天际线不仅可以保护山脊线不被破坏，又丰富了建筑立面，展现出多层次的建筑群。

（2）植被。包括覆盖在山体表面的森林、草地，以及城市内的大型公园绿地、树林。植被所形成的林缘线和林冠线也在城市天际线中起到了重要的作用。林缘线是指树冠垂直投影于地面的连接线，它是植物分割空间的重要手段。空间的大小、景深和透景线的开辟、气氛的形成等，主要依赖于对林缘线的处理。林冠线是指树丛空间立面构图的轮廓线。不同植物高度组合的林冠线，对观赏者的空间感觉影响很大。

在一般情况下，乔木下面的空间都是比较通透的。在通透的乔木下，一般会配置灌木和花草，形成多层次的空间感受和植物天际线。这样的做法不但在天际线审美上满足了丰富度和层次性的要求，而且在生态角度上，丰富的植物群落也有利于生态稳定。

（3）水体。海洋、河流、湖泊、溪流及瀑布等大型水体景观和人工水景可以改变城市的空间结构、立面构造、背景层次等，整体影响城市天际线的美学感受。水体形成的水际岸线可以增强城市天际线的层次性。

水际岸线是水面与陆地的交界线。水体的反射、倒影作用，增加了城市天际线的层次感和空间构图的完美性。简单的天空和水面可与复杂的建筑群形成对比，使得城市天际线产生趣味感。水体作为城市大型的开放空间，可提供从城市外缘观看天际线的机会。

（4）自然现象。风向、光照、温度等可以对城市天际线产生间接影响。这些自然现象可以影响城市天际线的美学感受。

2. 人文景观要素

人文景观要素对城市天际线的影响主要表现在两个方面：一是建筑的主体墙身部分，二是部分建筑的屋顶。建筑的主体墙身部分主要是提供城市天际线的"实体"，而建筑的屋顶为城市天际线提供了水平部分的变化。

三、历史景观

（一）城市历史景观的内涵

1. 从文化遗产到城市遗产

1931 年，《雅典宪章》中明确提出要保护以历史建筑为主的文化遗产，文化遗产的范围始终在扩展。随着时代发展和社会进步，城市遗产也经历了由最初的静态文物逐渐向动态空间转化的过程。从最初的古代遗迹、器物、建筑，到后来保护组织逐渐整合了新理念，派生出活态遗产这样一种新型遗产。"城市遗产"这一概念可视为文化遗产内涵延伸的产物。随着人类对自身生活环境认识的提高和发展，文化遗产也从最初单一的物质形态，逐渐演变成为一种具有多种功能的社会现象，并由此形成了一系列与之相应的理论学说。《关于城市历史景观的建议书》中对城市遗产的表述，是在一个新的角度上对《内罗毕建议》《华盛顿宪章》中关于"整体性"理念的继续和完善。就城市历史景观而言，它的主要革新是在时间和空间上对城市遗产的内涵进行理解，不管是历史的还是当代的，无论是建筑还是文化，均囊括在时空背景下的整体保护之中。

2. 层积性：物质与文化价值的历史积淀

"层积"这一概念最早出现在地理学、生物学和其他自然科学领域中，反映的是地质上、历史上层层积压的现象。之后逐步引入文化研究及其他方面，有别于地理学的"层积"，文化遗产的"层积"是各种文化对不同时间维度的多元响应圈。在《关于城市历史景观的建议书》中，"层积"一词屡次出现，其核心是保护既要注重历史和当下的文化形式，又要从持续、动态的发展视角来进行。

层积性包括共时性和历时性。共时性层积是城市发展演化的横向切片，在一定时期内，不同的文化要素相互联系、相互影响，形成一定时期的历史城市，具有一定的价值属性和时代特色；历时性层积是从整个城市发展的全过程来考察特定的历史文化脉络的延续与演化，发掘城市各个历史阶段层积的内在逻辑关系，是全面认识其价值的前提。以层积为基础的城市历史文化研究是发掘历史信息和价值特征的一种重要手段，它既能反映不同的发展、演化阶段和文化内涵，又能避免在价值、特征上的遗漏、偏离，从而为文脉延续的具体战略制定提供依据。

《维也纳备忘录》提出，功能用途、社会结构、政治环境和经济发展的持续变化，反映在对传统历史性城市景观结构的干预上，这些变化可以看作城市传统的一部分。这种理解，一改传统保护理念下"历史"和"现代"对立的局面。换言之，应将历史城市看作对时间断面的一种展示。

3. 活态遗产：动态的城市

一个完整而有序的城市空间是由不同时期、不同地域的各种要素相互联系、相互作用形成的，并共同作用于这个庞大的有机整体，从而体现出一定程度的连续性和稳定性。城市在其发展长河中早已发生了数不清的变化，城市景观在内容和表达方式上也在不断更新。随着人类科学技术水平的提高和经济全球化趋势的加强，城市已由简单封闭走向开放交流。以信息社会为背景，城市内容的表达方式每时每刻都在改变。

"活态遗产"是指以当代为基础，同时与过去和未来相联系的文化载体，认识到历史遗产具有动态发展属性。《瓦莱塔原则》首先提出这一概念，正是为了解决历史遗产能否在当代不断焕发活力这一问题，对整体发展观进行理念上的更新，认为历史城镇及其所处城市环境，应被总体视为兼具社会身份与文化身份双重属性的历史空间，强调遗产保护具有"动态性"和"关联性"特征，而不是一成不变的"博物馆式"的保护。历史城市是周而复始的生态系统，它之所以能够"活态"，是因为以城市持续发展为先决条件，静态性保护方法不可避免地对历史城镇的开发与治理形成了限制。

城市历史景观进一步加深了"活态遗产"的内涵和理论，把城市发展各阶段置于宏观保护框架内。经过历史文脉层积性的辨识与遗产要素关联

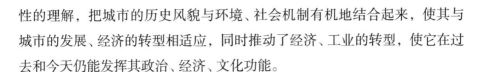

性的理解，把城市的历史风貌与环境、社会机制有机地结合起来，使其与城市的发展、经济的转型相适应，同时推动了经济、工业的转型，使它在过去和今天仍能发挥其政治、经济、文化功能。

（二）历史文化街区保护规划基本原则

1. 真实性原则

在保护进程中运用的认识与规划手段，应当有利于保持城市遗产的真实性。文化遗产保护与监测是国际上普遍接受的基本内容，它包括对历史环境的认识程度，以及对其价值的理解。两个多世纪以来，欧洲各国对真实性原则进行了不断的研究。在持续配合和探讨下，目前已有比较成熟的保护理论方法及相关研究成果问世。近年来，随着我国遗产保护的蓬勃发展，历史文化名城保护工作取得了一定的进展。与此同时，国内学者通过对国外先进理论的研究与借鉴，形成本土化真实性理论研究成果，这对于推动历史文化街区的保护工作有着十分重要的意义。

我国文物保护措施中的"不改变文物原状"原则，更是保护真实性的一种强有力的表现。在对历史风貌进行有效保护的同时，更应该注重对文化遗产本身所具有的精神层面和物质层面的研究，从而使人们能够更加深入地理解文物的内涵。历史遗产原貌保护的重要意义，一方面在于它所具有的重要科学价值和艺术价值，另一方面在于保存了传统文化和历史记忆，所以不可以随便更改。

2. 整体性原则

遗产保护应放在更为广阔的城市背景和所处地理环境下进行探讨，并提出整体性保护理念。不是单一地对某一建筑或区块进行保护，而是对历史街区的整体风貌进行保护，包括街区内的所有构成要素，如街区内的建筑、街道的整体格局、新建建筑风格的控制。"整体性"不仅限于物质性，还包括非物质文化遗产，以及它所承载的社会经济、文化等脉络。既往一般把城市碎片化分割和无差别地进行保护。《关于城市历史景观的建议书》中多次强调，维护改善人类的生活环境，提高城市的宜居性。所以，以城市历史景观理论为指导，对历史文化街区要实施整体性的保护。

3. 文化传承原则

延续城市历史文脉，是城市历史景观研究方法在运用过程中需要遵循的主要的原则之一。作为文化遗产的一个重要组成部分，历史文化街区在历史、文化、艺术、社会、人文等多个层面上的价值，是当代绝大多数城市街区无法比拟的。因此，在利用城市历史风貌法进行保护规划时，应挖掘其各种功能，使其具有的历史文脉得以延续。这既是对城市历史的一种尊重，又是实现城市长远发展的核心要求。

以街区原有风貌与历史文化价值为准绳，以街区人口及居住方式为依据，突出文化遗产的核心价值，让城市历史街区景观实现现代语境与历史语境共存的可持续发展。

4. 可持续性原则

可持续发展既是当今世界普遍认同的发展主题，又是城市历史景观研究方法中的核心观点之一。

当物质文化与非物质文化一起发展的时候，街区的内涵才能得到不断的开发和拓展。对于历史文化街区而言，随着社会、经济、文化的不断进步，任何的保护与发展都不是一朝一夕就能完成的，需要长期的维持。把城市在时间、空间中的层层积淀作为遗产保护的切入点，促成城市人文环境与自然环境的和谐关系，维护今世乃至后代发展需要与城市遗产保护的平衡，同时利用动态完整性与特异性确保落实的真实性传达与量身定做。

街区保护与发展的基础是，要使街区内的社会文脉网络和环境物质协调共存，恢复街区特有的魅力。只有实现可持续发展，才能把城市历史街区的保护落到实处（图2.4.3）。

图2.4.3　可持续原则支撑城市历史景观的活力

四、临时性景观

（一）临时性景观的概念

临时性景观包括花开花谢、潮起潮落、海上生明月的季相景观，云蒸霞蔚的气象景观，日出日落、流星飞逝的天文景观，等等。与时间、气候、物候紧密关联，具有特定的、专属物候条件而形成的景观，即临时性景观。

临时性景观的建设受到技术和艺术的双重影响，季节模式旨在使临时性景观在不同季节呈现出不同状态，以给人不同的感官感知。作为一种临时开放空间，在不同的季节有着不同的呈现模式。例如，在春季适合进行一些科普类活动，在夏季适合进行一些欢快的运动型活动，在秋季适合进行一些琐碎的小型活动，在冬季适合进行一些冰雕展览等非剧烈活动。将时空关系与物候变迁、人文活动事件结合起来，才能使人居环境景观服务与人的价值得到充分发挥。

现在，对于临时性景观并没有明确的定义，但是它却是真实存在的一种设计方式。临时性景观是一个过程，包含了从设计到建立、改变，再到拆除和重新利用的一个循环概念。

从存在年限的时间角度上比较，临时性景观与长久性景观没有具体的时间界限。从景观形态的稳定性角度上来讲，任何物质的存在形态都是不断变化的，区别只是是否明显而已。所谓长久性景观，其实也是一种相对的稳定，而临时性景观有着可移动、可拆卸、可任意组合的特点，其形态变化本身也体现了一种过程艺术。临时性景观主要包括城市嘉年华、潮汐景观、气象景观等。

（二）临时性景观的类型

临时性景观的类型有天象和气候景观、物候景观、节庆景观等。

第一，天象和气候景观：天象景观主要指天空中的自然现象，如日月星辰的变化和天体的运行等；气象景观主要指初霜、终霜、结冰、消融、初雪、终雪等自然现象。

第二，物候景观：各种植物发芽、展叶、开花、落叶等现象。农作物生育期中的物候现象，又称为作物物候。物候是指生物在长期适应气候变化的周期性形成与此相适应的生长发育节律，这种现象称为物候现象。主要表现在动植物的生长、发育、活动变化规律与环境中生物或非生物因素变化的关联反应。

典型的植物物候景观，如洛阳看牡丹、武大观樱花、毕节的百里杜鹃等；典型的动物物候景观，如候鸟、昆虫及其他动物的迁徙、初鸣、终鸣、冬眠等现象。

第三，节庆景观：人文活动事件形成的景观属于节庆景观，如体育赛事、节日庆典、龙舟竞渡、游神庙会等。

上述典型的临时性景观对一般的人居环境景观具有十分重要的借鉴意义，需要设计师因地制宜，充分挖掘和利用。

（三）临时性景观的特点

1. 短时性

临时性景观最大的特点就是持续时间的短时性。传统景观一般是坚固持久的，所以在材料选择上都是持久性的材料，这对传统景观设计造成了很大的局限。这种现象严重地限制了景观设计理念的创新，更限制了景观设计行业的发展。但是，对于临时性景观来说，其所受到的局限就小很多。在材料的选择上可以大胆地使用纸、树皮、绳索、藤编材料等传统景观中不会选择的物质元素（图 2.4.4）。

2. 经济性

临时性景观在造价上存在不同程度的限制。由于其使用寿命短暂，所以都会尽可能地降低建设成本、维护费用和资源能耗，即尽可能地做到物尽其用。并且，由于临时性景观在短时间内的使用率很高，因此即使增加了宣传和使用维护费用等因素，总的来说，临时性景观也是比较经济实惠的。

3. 灵活性

临时性景观的灵活性，一方面是指对设计师的限制条件少，另一方面是指临时性景观的设计形式多变。布置临时性景观是一个尽情发挥、激情

图2.4.4 具有短时性的临时性景观

迸发的过程，并且材料和形式的多样性也给设计师提供了很多发挥的机会。临时性景观不必担心以后的维护问题，这也是设计中的一大优势。另外，临时性景观在建设过程中也体现了灵活性，主要是景观元素的组合、改变及撤除都很灵活，可以根据实地状况进行临时调整（图 2.4.5）。

4. 参与性

临时性景观要尽力在特定时间内集中展现，传递更多的信息量并引起使用者的关注。因此，增加大众参与性是必不可少的。在 18—19 世纪的园林景观中，其唯一目的就是观赏，人与景观的关系仅仅处于观赏与被观赏的状态。但是，现代景观设计理念认为，人给风景增添了活力，人本身也成为风景的一部分。城市闲置空间中的临时性景观需要最大限度地向市民开放，参与者可以观赏、使用、享受这些景观元素。这也体现了当代景观设计对人、社会、自然的理解。

图2.4.5　具有灵活性的临时性景观

（四）临时性景观的营造

1. 临时性景观的素材特征

临时性景观选择的素材主要是天象和气候景观、植物物候景观、动物物候景观，以及与之配合的环境材质，如草木、落叶、树皮、沙子、石子等。其特征是季节性、临时性。

2. 临时性景观设计原则

（1）环境舒适性原则。公共空间的舒适性是从使用者感受的舒适度和空间使用功能考虑的，不仅仅要考虑景观设计本身，还要考虑与周边环境相结合，建立一个完整、和谐的关系。要表达出景观功能配置合理、空间尺度适度、整体美观等要求，从而使使用者感到舒适放松，满足他们的心理需求及对空间功能的需求。

（2）可持续发展原则。临时性景观的设计必须符合可持续发展原则。对于空间而言，所有景观元素都是空间以外的人为介入，为满足周围居民的使用要求，对闲置空间的功能进行了临时性的改变，但必须从设计的合理性出发，尽量不会大规模地改变当地环境，保证可持续发展。

（3）多元互补性原则。临时性景观是整体设计的一部分，任何景观元素都无法单独成立，而是依存于整体的景观设计中。临时性景观设计不能只关注某一单独的空间时段，而是要从大局出发，注重环境的整体性，这样就不会使景观设计单薄化。所以，多种元素的使用一定要遵循多元互补性原则，避免发生彼此排斥的局面。

3.临时性景观空间营造的应用

随着时代的发展、社会的进步、人民生活水平的提高，临时性景观广泛地应用于景观建设的各个方面，丰富的景观素材也丰富了人们的景观体验。例如，人居环境景观中观花、观鸟、观树木，看星、看月、看日出，漫步烟雨街巷、行走潮起岸边，都需要对自然和人文进行挖掘及利用。

在节庆、盛会、商业活动、展览会方面，独具韵味的景观设计展现了活动的追求，极大地推动了现代景观艺术的发展，对城市的发展规划和园林的开发建设具有举足轻重的作用。例如，在2008年北京奥运会举办时，为满足比赛和观众的需求，搭建了9个临时性的比赛场馆和大量的临时性比赛景观。这些临时性的建筑主题明确，它们无论在植物搭配，还是在造型设计上，都恰当地展现了奥运会的强烈氛围，完美地为世界人民展现了我国的大国风范和文化传承，其营造的景观空间着实让人身临其境、流连忘返。

五、节庆景观

节庆景观作为常见的临时性景观，需要专门进行研究。

构成城市形态的基本要素为路径、边界、区域、节点和标志物，再加上城市的活动元素（人及其活动，包括传统民俗、节日庆典等），构成千千万万的城市形态。审视中国传统节庆中"张灯结彩、节日盛装、鸟语花香、莺歌燕舞"等景观，可以发现，当代人忽视了半固定元素的存在。在狂欢的节庆中，路径、边界、区域、节点、标志物与活动动态地汇合，构成独特的"活的"景观是事实存在的。

凡是大型的城市节庆活动，必然以城市开敞空间为载体，节庆活动与其背景（城市开敞空间）一起唤起人们的愉悦和审美，因此节庆活动与城市开敞空间共同构成了节庆景观。可以这么说，特别装扮的城市开敞空间与相应的节庆活动形成了城市节庆景观。

因此，研究和把握城市开敞空间的节庆景观，可以结合城市发展的客观空间需求，科学分析城市开敞空间的定位和功能策划，以实现节庆景观带动城市经济发展和居民生活品质的提升。

开敞空间的节庆景观服从于节庆活动，有其明显的景观特点。笔者认为，城市节庆景观一般具有文化性、主题性、地域性、时间性、群体性、互动性等六个特性。

第一，文化性：主要表现在节庆文化与城市文化的表达，景观设计传统或创新地展示文化（图 2.4.6）。

（a）龙舟与滨水区的节庆景观

（b）节庆特塑的街道景观

图2.4.6 独具文化内涵的节庆景观

(c) 节庆特塑的植物景观

(d) 节庆的人本身成景观

(e) 节庆主题的景物

图2.4.6 独具文化内涵的节庆景观（续）

第二，主题性：要求恰当地对节庆活动的主题进行演绎，使观众、参与者能够通过对空间的感受产生节日感，与活动主题产生共鸣。

第三，地域性：从宏观的角度来看，地域性要求节庆景观应当传递活动地的地域特色；从中观的角度来看，地域性要求景观设计服从城市整体空间结构和节庆活动的整体安排，局部的城市空间在整体节庆活动中扮演恰当的角色；从微观的角度来看，地域性要求节庆景观与街区的空间环境协调，激活有利于现状的环境因子，使固有的各种形态要素服务于节庆景观、参与节庆景观，形成"全城动员"的局面。

第四，时间性：除考虑节庆的特定时间需求外，还必须考虑节庆前后的景观对比，凸显节庆景观的独特之处。同时，在景观使用功能方面应顾及节庆前后的连续使用，以便在装扮节庆的同时，节约公共资源。

第五，群体性：在景观形态方面，要求形成节庆景观群，使节庆景观空间序列化，从而深化节庆活动与景观的交融；在功能方面，必须考虑活动参与者以大规模群体出现的特点，在配套和辅助设施方面解决人员集中度高、交通压力大等问题。

第六，互动性：强调节庆的活动与场景构成一定的景观，从场景到行为、从观赏到参与都要有密切的互动。人们的活动与环境形成了动态的景观，同时相互干涉，成功的景观规划必须对互动性进行恰当的把控。

在审美取向方面，开敞空间节庆景观的传统或时尚，取决于揣摩节庆参与者、感受者的内心需求。大量的节庆研究都对节庆有类似的结论，认为节庆是日常生活的补充和创新。由此看来，节庆景观的审美取向应该顺应人们在节庆中求变的心态。虽然节庆景观依附于城市背景，但是应该展示不同角度的视觉愉悦，提供新奇的体验，因此节庆景观可以是城市景观的异化。

第三章　景观空间更新提质的设计方法

第一节　人居环境景观更新提质的策略

一、面向更新提质目标与成效的设计策略

人居环境景观设计是多种技术综合的结果，为形成优秀的景观设计，需要围绕期望达成的目标制定设计策略。人居环境景观的更新提质设计，就任务目标而言，需要面向区域的社会经济发展协调、环境空间质量需求、功能效能改善、文化品位提升、安全隐患排除等，围绕任务目标制定设计策略。就任务过程而言，需要依靠设计本身的工作流程构建与协调完善。本书主要围绕任务目标所需的设计策略进行探讨。

（一）社会经济发展协调的设计策略

人居环境景观处于城乡的大区域环境中，其更新提质应采取与区域的建设发展目标协同的设计策略，对接好社会经济发展的目标，与周围环境形成借力、合力的协调态势，使更新提质有利于社会发展及服务成效。就社会经济发展需求而言，协调的设计策略有"增、补、改、扩、消"，如增加休憩空间、补充生态效益、改造无效空间、扩展康体功能、消除劣质景观。

（二）环境空间提质的设计策略

人居环境景观更新的基本目标之一就是环境空间的提质，更新提质的设计策略需要指向优化环境空间，如风貌提升、生态改善、空间关系调整、设施布置协调等。

（三）功能效能改善的设计策略

功能体验和生态效能是景观更新提质的重要目标，对于问题突出的情况，采用功能效能改善的设计策略是景观更新提质设计所必需的，如改善游赏体验、改善环境舒适度、完善配套设施、改善生态系统、改善植被搭配等。

（四）文化品位提升的设计策略

文化之于景观是点睛之笔。景观更新提质离不开文化需求的满足。面对物质空间品质上乘的环境，可以采用文化加载的策略，如点亮文化主题、配置文化元素，来揭示文化内涵，包括配置地貌匾额、增加主题雕塑、改变应景形态与色彩、添置科普教育栏等。

（五）安全隐患排除的设计策略

景观更新提质应解决安全问题，消除瓶颈及环境痛点可以使环境质量底线得到提升，是景观更新提质的目标要求。安全隐患排除的设计策略有执行法规与规范，消除安全隐患；落实更新目标，消除环境设施瓶颈。

二、面向技术措施的设计策略

作为设计策略，除了要面向目标成果，还要面向设计科学与技术本身。人居环境景观设计更是要面对各种不同的更新本底，对营造条件进行判别，在传统技术与新技术之间做出选择；拟定创新创造的路径，形成最佳性价比与投资成本的控制。面向技术措施的设计策略，要使设计成果具有更高的可行性，获得优化的效果和效率。

（一）结合环境本底条件的设计策略

人居环境景观更新提质是建立在固有的环境本底条件之上的，设计策略要参考本底条件的特点。从空间环境的尺度来看，有微改造、全面翻新、局部整改等措施；从设计要素的角度来看，有硬质景观改造、软质景观优化、配套设施补充等。

（二）全过程技术精细化的设计策略

对有缺陷的景观进行更新提质，除补充新需求之外，还有对固有营造技术措施的改进。不少效果欠缺的景观并非设计方案不好，而是缺少良好的细节设计，因而需要策略性地贯彻与执行全过程的技术精细化。

面对不同的条件制定不同的设计策略重点，因地制宜、因势利导地采用技术措施，如面对植被生态营造，采用假植措施使苗木适应环境与工序的需要。补植小苗，充分利用自然做功，让小苗自然成活，本身就是顺应生态科学。在设计中，要补充人体工程学设计，补充细节做法，补充构造的衔接设计与容差设计。提高设计技术措施是景观更新提质的第一步。

（三）面向新旧不同工法的设计策略

景观更新提质面对的是"旧"的存在，有些地方需要修旧如旧，有些地方需要让人耳目一新。景观营造所采用的新旧手段自然需要甄别。景观营造是在现有的技术习惯中进行的，因此对传统工法的应用十分重要，成功的设计策略可以指导正确的技术措施。

（四）面向动态需求的设计策略

人居环境景观多数与公共空间有关，是供人们活动与欣赏的开敞环境。由于人的活动需求具有不确定性，一个空间、一种设施、一次设计无法满足所有的需求。面向动态需求的设计策略，是景观更新提质具有适应性活力的保障。例如：对于需求变化复杂多样的空间，采用"留白"的办法，最大限度地由使用者决定；对于使用频率低但不可或缺的设施，采用临时性调配的做法；对于不确定性高的需求，采用普适性的做法。如儿童与老年人的活动空间，儿童需要高度低、踏步小的台阶，老年人需要常规的台阶，那么采用放坡设计就能满足普适性的需要。同样，对于围护栏杆，在中间增加儿童扶手，则可以普适全龄的需要。当广场需要简洁一致的色彩对不同活动进行引导，因而不方便采用色彩标识时，可以考虑利用铺砖材质肌理变化形成引导。

（五）基于目标效果控制法的设计策略

任何景观的更新提质设计，都必须在一定造价条件下进行。在景观营造行业中，有"三分设计，七分施工"的说法，对于绿植设计来说尤为明显。因为图纸中的理想植物形态与苗木规格对于自然生长的苗木来说难以实现，所以基于目标效果控制法的设计策略必不可少。例如：设计图纸表达不了的，需要采用补充说明；设计文件控制不了的，需要约定实施程序，进行控制；一方决策不了的，需要多方控制。

第二节　区块型景观的设计

典型的区块型景观有广场与场地景观、公园景观。

一、广场与场地景观

《场地设计研究》一书指出，"场地"有狭义和广义两种不同的含义。狭义的场地是指除建筑物之外的广场、停车场、室外活动场等。这时，场地是相对于建筑物而存在的。广义的场地是指空间中全部内容所组成的整体。

广场与场地是由建筑、道路或其他空间元素围合而成，具有一定功能和规模的、相对完整的城市公共空间。城市广场通常是城市居民社会生活的中心，是城市空间不可或缺的重要组成部分。它可以给人们提供户外活动的场地，也可以起到集会、交通集散、居民游览休息、商业服务及文化宣传等方面的作用。

广场与场地是开放空间的典型代表，也是人居环境景观的典型形态，具有较大的开敞性，与城市空间结合紧密，被誉为"城市客厅"（图3.2.1、图3.2.2）。

图3.2.1　空间元素围合的广场景观（罗马卡比托利欧广场）

图3.2.2 空间元素围合的广场景观（威尼斯圣马可广场）

（一）广场与场地的设计

1. 多功能复合

现代社会的发展促进了人们生活的多样性，单一的聚会、交通功能已不能满足现代人的活动需求，这就使城市广场与场地的功能越来越多元化。例如，在同一广场内设置休闲娱乐、体育健身、文化展示等设施，会区分不同年龄段的使用群体，以便更具针对性和适应性（图 3.2.3）。

图3.2.3 多功能复合的广场景观（意大利锡耶纳的田园广场）

2. 立体化建构

广场与场地是人居环境中相对开敞的区域，也因周边的围合界面背景的不同，使广场与场地的景观变得特别。随着城市化的不断深入及科学技术的进步，人居环境空间的利用强度也越来越大，复合式和立体化的空间将成为广场发展的一种趋势，这也符合人们对空间的视觉需求。在设计时，通过下沉或抬高等空间手法，制造地下、地面或者空中连通的复合式空间，场地中就会出现下沉广场、台地式广场、空中广场等多种形式的广场，这样能够利用有限的空间，获得丰富、高效的城市景观。此外，也可通过照明设计，在夜晚增加空间的立体层次，使空间更有延展性（图 3.2.4）。

图3.2.4　立体化广场（考纳斯梦幻曲线广场）

3. 场所精神塑造

广场与场地的吸引力来自其自身的地域环境特质，要增强空间的可识别性，营造有特色的广场与场地景观，需要发挥场所精神，考虑对地方特色、历史文脉的延续。历史与文化是城市人文景观的重要内容，把人文景观和空间视觉景观结合起来，最能表现地域文化和特色（图 3.2.5、图 3.2.6）。

图3.2.5　场所精神塑造的广场景观（里斯本商业广场）

图3.2.6　场所精神塑造的广场景观（费城托马斯·杰斐逊大学校园广场）

4. 优化环境生态

现代城市广场与场地的环境生态越来越受到重视，这表明人们对环境关注程度日益提高。如何尽量减少对大自然的破坏，利用自然资源寻找合适的建造方式，是未来广场与场地设计需要着重考虑的问题。

（二）广场与场地景观构成要素设计

广场与场地景观是一种由多种景观元素结合的复合型景观，其景观构成要素有场地铺装、植物景观、水景观、景观小品等。其中，地面是广场与场地的重要支撑，场地铺装成为广场与场地景观最基础的元素。

1. 场地铺装

广场与场地的铺装是景观环境的重要元素，可以统称为场地铺装。场地铺装是指在广场与场地环境中，根据地形选择相应的铺装材料，按照一定的铺装方式形成的地表形式。选择不同的铺装材料，运用不同的铺装方式进行铺装，就会呈现不同的铺装风格。变化多样的铺装形式在丰富广场与场地景观的同时，也使整个环境更具活力。

场地铺装虽然不是广场与场地的主景观，但是可以对广场与场地的其他景观起到衬托作用。可以利用色彩、尺度、形状、质感等的变化，体现广场与场地的个性，增强场地铺装的艺术效果。场地铺装需要注意以下问题。

（1）色彩。可以通过铺装色彩的变化，呈现出冷暖、轻重、缓急等不同的视觉效果，避免色调单一而产生沉闷感。场地铺装的颜色不宜过于复杂，那样会使构图显得杂乱无章。不同的铺装色彩会给人带来不同的心理感受，明朗的颜色往往能给人轻松愉快的感觉，如儿童活动广场，铺装往往色彩鲜艳，营造一种活泼明快的氛围。商业和娱乐广场的铺装往往选用暖色调，以渲染热闹的气氛。暗色调的铺装往往带给人沉稳宁静的感觉，如纪念性广场，常常采用暗色调的铺装，使广场的氛围显得严肃沉重。此外，场地铺装的色彩还要与周围环境的色调相协调，体现整体性原则。

（2）形状。选择不同的铺装形状，拼出的图案会给人带来不同的感受。点状铺装往往能够起到吸引视线、增强广场与场地空间活力的作用；线状铺装往往对人们的行为起到一定的引导作用，其中，曲线会给人带来流动感，折线会使人产生起伏感；规则的方格铺装会带给人一种稳定感，不规则的裂纹铺装则会使人产生自由感。场地铺装的构图应该简洁大方，符合统一协调的原则。

（3）面积。铺装面积的不同会给人带来不同的空间感受，广场与场地的面积、宽度又影响着铺装面积的选择，二者相互联系、相互影响。大尺度的广场与场地往往会选用大尺寸的花岗岩或大尺度的地砖来增强广场的尺度感，小尺度的广场与场地往往会选用中小尺寸的马赛克或小尺度的地砖进行铺装。

（4）质感。不同质感的铺装材料能够带给人不同的感受。不同功能的广场与场地，其场地铺装应选择不同质地、厚度、肌理的材料。小尺度的广场与场地在铺装时应选用比较细小、精细的材料，这样能够给人带来精致柔和的感觉。不同质地的材料能够体现出不同的美，但在选择材料时需要注意与其他景观相协调，这样才能构成统一和谐的场地铺装景观。

2. 植物景观

广场与场地上的植物景观有多种造景方式，如片植、孤植造景，围合界面空间，形成绿篱边界，等等。植物景观一般是指利用大自然中不同科属种的植物，通过绿化种植，呈现出植物特别的形态，让人们感受到景观的美；也可以将植物作为生态系统的一部分，发挥相应的生态效益。在广场与场地上种植植物，添加了自然的、柔性的元素。为了满足人们在广场与场地上的遮阴需要，可种植大树冠植物以提供遮阴空间。为配合广场与场地的标志性、纪念性需要，可通过植物景观起到空间序列引导、围合背景等作用。

广场与场地上的植物设计应灵活选材，主要依据广场与场地的空间主题与功能设定。可以利用乔木、灌木、藤本、竹类、花卉等不同形态、色彩的植物，并运用一定的设计手法，创造出与周围的自然条件和景观需求相适应的景观设计。就植物景观的功能而言，其主要从以下六个方面体现。

（1）视觉享受。选择不同颜色、形态、观赏期的植物进行不同的搭配，能够形成不同的视觉效果，给人带来不同的视觉感受。

（2）分隔空间。植物既可以作为广场与场地和外界的空间界线，又可以作为广场与场地内部的分界线，还可以根据植物枝叶茂密程度的不同，围合成开敞或封闭的局部空间。

（3）软化广场景观。植物景观也被称为软质景观，可以通过不同植物形成的不同线条，来缓解广场与场地中铺装、雕塑等硬质景观的生硬感，也能减缓广场周边高层建筑的压迫感，使人们的精神更加放松，在广场与场地上的活动过程更加愉快。

（4）生态功能。植物的配置可以改善广场与场地的小气候，提高广场与场地的环境质量，给人们提供更加舒适的活动空间，尤其在夏季，能给人们提供纳凉的好去处。

（5）引导作用。大多数人使用广场时并没有十分明确的目的，随意性较强，植物的选择和配置能够对人们的行为起到一定的引导作用。

（6）框景和障景。对植物的不同选择和配置能够形成独特的视角，限制人们的观赏视线，形成框景。植物枝叶的繁密程度，以及与其他景观的尺度关系不同，能够形成不同程度的障景，影响广场与场地局部空间的私密程度。

同时，成功的广场与场地植物景观设计也可以使人陶冶情操、净化心灵，整个身心都能够得到放松。广场与场地上的乔木、灌木、花草的合理配置，或丛植，或群植，交错分布，形成不同颜色、形态的植物群落，并随着季节的变化而呈现出不同的景观，既美化了广场与场地的环境，又能够缓解人们长期在快节奏的都市生活中产生的心理和精神上的压力，使人的精神得到放松，心灵得到净化，对生活充满希望和信心。此外，绿色植物还可以保护视力，不仅能够减缓人们因长期使用电脑、手机等造成的眼睛疲劳，还可以阻挡阳光直射，并吸收阳光中的紫外线，减少反射光对人眼睛的伤害。植物景观还可以为广场与场地中的其他景观元素充当背景，起到衬托作用，增添情趣。

3. 水景观

水是生命的源泉，是人类生存和发展中必不可少的元素。在中国传统园林景观中，就有"无水不成园"的说法；在现代城市广场景观中，水景观依然是一种非常重要的景观元素。城市广场水景观设计就是通过传统的手法，利用水的抑扬、隐现、虚实、动静来营造景观，并将其与音乐、灯光等现代科技有机结合在一起，使城市广场的水景观不仅形式多样、姿态万千，而且充满时代气息。

（1）水的特性。水的特性主要有以下两点。

①可塑性。水本身是没有固定形态的，只是受到地球引力的作用，才

表现出相对静止或运动的状态。根据水的不同状态，可以将广场的水景观分为两类——静水景观和活水景观。前者安静，能够给人带来宁静、柔和的感受；后者灵动，能够给人带来兴奋、欢快的体验。

②音响性。水的音响性主要通过活水景观来体现，不同形式的活水景观能够产生不同的音响效果，有小桥流水式的温柔，也有飞流直下的澎湃。设计师应根据特定的空间氛围，运用不同的水景设计手法，以获得理想的音响效果。

（2）水景设计。在现代城市广场景观设计中，最常见的水景观形式有以下四种。

①静水。静水是城市广场景观设计中最简单的一种设计方式，通过水池的不同平面形式来营造静水景观，如方形、圆形、曲折或其他不规则形状等。主要通过三种形式体现：一是风——原本平和宁静、清澈见底的水面，微风拂过，吹皱一池春水，在阳光的照耀下波光粼粼；二是色——改变水的颜色就能构成不同的水景观；三是影——以平静的水面为镜，以周边的植物和建筑在水中的倒影为图，能够形成影射景。此外，在水中放养金鱼，还能形成一幅静中有动的池鱼戏水景象；也可以在池内筑假山、设雕塑，凸显广场主题。

②流水。可以通过控制流水的宽度、速度，产生不同的动态水效果；也可以通过流水方向的变化形成曲水流觞，引导景观的变化，与广场上的其他景观相呼应；还可以与白砂石结合，以日本枯山水的形式构成水景观，即使在没有水的情况下，也能自成一景。

③落水。城市广场景观中常见的落水表现形式有瀑布、水帘、叠水、水墙等，都是利用水从高处落下来营造景观。人在落水前，不仅能够欣赏水流下落的优美形态，还能够聆听水流的声音，更能够感受大自然的气息。

④喷水。喷水的主要表现形式就是喷泉，喷泉也是城市广场水景观中常用的表现形式。它可以通过设置喷出不同形态的水，独立成景；也可以与雕塑、假山相结合，共同构成景观；还常常与灯光、音乐结合使用，形成音乐喷泉，不仅在白天构成美景，也使夜晚的城市广场景观更加缤纷多彩。

4.景观小品

狭义的景观小品是指利用景观艺术手段形成的造型设施，供人们欣赏，除视觉上的感受外，并没有什么附加价值。如果将环境中的细碎设施当作小品来设计，情况就完全不同，广场与场地上更是如此。由于广场与场地的开敞空间大，可视范围内无处不景。因此，除专设的景观小品之外，座椅、路灯、立杆、围栏等细碎的设施服务于造景，都可作为小品。

德国建筑师密斯（Mies）曾说，"建筑的生命在于细部"，而景观小品就是城市广场的"细部"，它们将广场中的公共设施艺术化，在给人们提供使用价值的同时，又能形成视觉美景，供人们欣赏，使其使用价值与艺术价值相辅相成、相得益彰。所以，景观小品对城市广场景观起着非常重要的作用，在"城市的客厅"中占有十分重要的地位。在设计广场景观小品时应注意以下问题：构思与布局要有立意；色彩与质感要有新意；与城市人文历史背景结合；以人为本，满足人性化需求；符合大众的审美要求。

景观小品的体量一般较小，可以将不同的地域文化内涵融入其中，往往能够对周围的环境起到点睛的作用。它不仅是一件艺术品，还是一个展现城市文化和精神风貌的窗口，既给人们带来了视觉享受，又体现了地域特色，因此景观小品的作用十分重要。

二、公园景观

（一）公园的概念

公园作为一定大尺度的区块，与人居环境景观关系密切。公园以场地、建筑、人工设施、植物或自然景致为空间载体，为公众游览、观赏、休憩、锻炼提供公共场所，需要有比较完善的公共设施和良好的景观绿化环境。公园的概念由西方传入我国，作为城市的公共绿地。《城市绿地分类标准》（CJJ/T 85—2017）中将公园绿地按其规模和功能分为综合公园、社区公园、专类公园、游园四类。随着人居环境活动需求的发展变化，公园的使用功能和属性会随之变化，如添加康体休闲、文艺游园、展览展示、科普教育以及商业服务等灵活功能。

我国的公园是从传统园林演化而来的，但和传统园林有着很大的不同。过去，皇家园林、私人园林都是为少数统治阶级、官僚资产阶级服务的，并不为大众服务。资本主义初期的欧洲，一些皇家贵族的园林逐渐向公众开放，形成最初的公园。19 世纪中叶，美国和日本出现了经过设计、专供公众游览的近代公园。1858 年，美国风景园林师奥姆斯特德（Olmsted）和他的助手合作完成了纽约中央公园的设计，这标志着现代公园的产生。公园一般以绿地为主，辅以水体和游乐设施等人工构筑物。从城市生态环境的角度来看，公园就是"城市的肺"。

综合公园、社区公园、专类公园、游园等各类公园有着各自的特点，在设计时要根据公园的类型、公园与环境关系来确定其内容和形式。

1. 综合公园

综合公园是指市区范围内供城市居民游览休息、文化娱乐的公园。综合公园的设施较为完备，规模较大，质量较好，是具有综合性功能的大型绿地，如上海的世纪公园、北京的朝阳公园。一般园内有明确的功能分区，如文化娱乐区、儿童游戏区、体育活动区、安静休息区、动植物展览区和特色科普教育区等，能够满足人们多方面的需求。

2. 社区公园

社区公园是指为一定居住用地范围内的居民服务的公园，包括居住区级公园和小区级游园。社区公园必须面向儿童和老年人，设置儿童游戏设施和老年人游憩设施，一般设有康体活动场地及设施，围绕所在社区的环境特点和居民需求，合理配置功能，布局景观空间，安排景观元素。

3. 专类公园

专类公园是指具有特定的内容和形式，有一定游憩设施的绿地，包括儿童公园、动物园、植物园、历史名园、风景名胜公园、游乐公园等。

（1）儿童公园：专为儿童提供娱乐和科普教育的独立公园，其服务对象主要是少年儿童及其家长。儿童公园应设有儿童科普教育内容和游戏设施，全园面积宜大于 2 公顷。园内的娱乐设施、运动器械及各种构筑物要考虑儿童使用的安全性，还应有合适的尺度、明快的色彩、活泼的造型等。

其与居住区的交通应较为便捷。

（2）动物园：集中饲养和展览较多种类野生动物及品种优良的家禽、家畜的公园。主要提供休息游览、文化教育、科学普及、科学研究等多种功能。

（3）植物园：广泛收集植物种类，并按生态要求予以种植的一种特殊的城市绿地。植物园的主要任务是收集多种植物，并进行引种驯化、定向培育、品种分类、环境保护等方面的研究工作。另外，也可以向游客普及植物科学知识，作为城市绿地的示范基地。

（4）历史名园：历史悠久，知名度高，体现传统造园艺术并被审定为文物保护单位的园林；或者是以革命活动故址、烈士陵园、历史名人旧址及墓地等为中心的景园绿地，供人们瞻仰及游览休息。

（5）风景名胜公园：位于风景区范围内，依托具有名胜价值的，或具有一定活动功能的自然或人工的游赏胜地，以文物古迹、风景名胜景点为主形成的绿地。

（6）游乐公园：单独设置，拥有大型游乐设施，生态环境较好的绿地。

4. 游园

除以上各种公园绿地外，用地独立，规模较小或形状多样，方便居民就近进入，具有一定游憩功能的绿地，如带状公园、街旁绿地等，其绿化占地比例应大于或等于65%。

街旁绿地又称口袋公园，是指独立成片，紧贴城市道路、居住区设置的绿地。它或是居民点的休闲活动园地，或是道路景观的节点，对人居环境景观有着非常大的影响。

（二）公园景观设计的原则

1. 服务公众原则

公园最基本的作用就是服务公众，在公园景观设计阶段既要充分考虑公众的休闲娱乐习惯，又要顾及公众在文化、精神和心理方面的需要。在宝贵的公共空间提供公众服务，要注意落实公共性、社会性、以人为本的细分目标，以满足使用者的公共活动需要，并与公众的个性化需要达到平衡。

把握服务公众原则，强化公园的公共性，增加公众交往互动的空间，提升公众户外活动体验细节，设置适宜不同年龄人员户外活动的设施，添加反映地域文化和场所精神的元素，加强人们对地域的归属感。

2. 吸引力原则

吸引力原则是指公园的营造应增加环境景观的吸引力，公园因为有强大的吸引力而成为人们生活的一部分，使人居环境得到应有的户外空间补充。结合公园的环境条件，创建多数人喜欢的系列功能，使公园真正成为人们生活的一部分。公园吸引力的塑造不能生硬堆砌，景观设计需要结合人们的真实需求和时代需要；创造条件，为文艺游园、展览展示、科普教育以及商业服务等功能预设空间。充分发挥一草一木的作用，合理、科学地组织公园中的各个元素，实现公园景观美的最大公约数。公园是人居环境的一部分，注意公园自身与景观之间的关联性，公园与周边建筑的协调，是公园景观具有吸引力的基础，公园与周边建筑的美是相辅相成的。

3. 保护生态原则

公园一开始就是人居环境生态的重要补充，除了专类公园由于自身的特点，不一定能提供强有力的生态功能外，绝大多数公园需要担负起相应的生态功能。保护好公园的生态环境，是其设计原则之一。

4. 多元协调原则

公园景观的公共性决定了公园要面对多样的、多元协调的包容性需要。在社会需求方面，要面对不同的人群需要。公园作为大尺度的开敞空间，需要设置满足不同年龄居民需求的空间与设施。当前，一些公园存在大型聚会活动的空间欠缺，适老、适幼的设施不足，遮风避雨的设施偏少等问题，没有充分起到对城市生活的补充作用，这实际上是对公园景观资源的浪费。在生态方面，公园应实现自然的景观美与人工的景观美的协调，共同保证生态的改善和稳定。

5. 可持续性原则

公园作为公共空间，其提供的功能性设施和生态环境元素是处于动态中的，必须做到可持续发展。公园景观的设计需要遵循可持续性原则，以确保公园的持续性服务。可持续性原则可延伸为空间设计的使用可持续、环境生态可持续、运行维护可持续。

（三）公园景观的设计方法

1. 全景谋划

公园景观的价值效益是由设计、营造与运行管理全过程的投入实现的。设计作为先导，需要抓住空间全景谋划的主线，形成公园营造和使用的全程谋划、全域布局、系列优化的成果。以全景谋划的设计方法发挥植物自然生长的潜力，让植物等自然景观丰富公园空间，让自然做功，避免出现生态景观单薄、绿化景观单调的情况（图3.2.7）。

图3.2.7 公园景观全景谋划设计

2. 游赏代入

游赏代入是指在设计中，从游客体验的角度出发，进行各项空间及元素的安排组织。从个体、群体的使用角度出发，安排公园景观的空间序列、尺度及元素细节，就生态效益、社会效益进行统筹和平衡。从生态系统的规律出发，考虑各种植物的生态环境需要，布置各种绿植。从地域文化的角度出发，选取人文景观元素，使公园真正成为人们的精神休憩地。从公园管养维护的角度出发，设置配套设施设备（图3.2.8）。

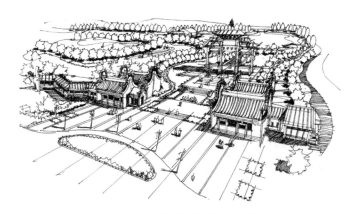

(a) 广州海珠湿地入口设计

(b) 广州海珠湿地入口建成实景

图3.2.8　公园景观游赏代入设计

　　例如，可在市民集中活动的公共区域相应地设置疏散通道、公共服务设施、标志性指示牌。在老年人居多的公园，加入一些与健康、养生有关的器材，充分体现公园的友好性。只具有观光和视觉享受功能的公园，无法充分满足市民的需求。

　　3. 因势利导

　　任何公园绿地都处在大的环境中，与周边大环境及人群需求形成互动。在设计之初，需要放眼大环境，结合地块自身的资源禀赋，因势利导地营造公园景观。巧于因借地对待天然地形、环境建筑景观、自然植物景观，因地制宜地塑造景观整体空间。顺应人群使用习惯，动静结合安排活动功能，对人员活动需求设置特色活动功能。根据环境要求，布置绿化种植，安排遮阴林木，改善区域的小气候，设置绿化防护隔离带，减少城市噪声和尘土对居民的影响。根据地方文化特征，安排雕塑、彩绘及特别造型等（图3.2.9）。

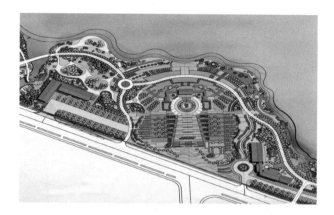

（a）广东清远飞来湖公园入口区自成一体的扩展

（b）广东清远飞来湖公园入口区与城市道路呼应

图3.2.9　公园景观因势利导设计

4.生态筑底

公园的概念在出现之初，就是为了改善人与生态环境的接触，公园一开始就以亲近自然为目的。除了个别专类公园由于自身的特点，不一定能够提供强有力的生态功能以外，大多数公园是人居环境生态的重要补充。公园的生态本底是其发挥作用的根基。在自然状态下，公园固有的生物要素和非生物要素相互作用，成为其生态本底，包括气候、土壤等因素下的植物、动物、微生物等生物群落，是人工无法简单复制、再造的。生态本底呈现为一定的生态系统结构，通过生物多样性的维持，为自然和人类提供生态服务功能。公园的建设，即开启人类干预环境的活动。因此，公园景观在设计之初，就需要启动生态筑底工作，以便充分发挥固有生态环境的良好作用。

公园是城市绿地系统的重要组成部分。改善公园的生态品质，有利于提升区域的环境质量，改善公园的景观形象与使用功能；有利于提升区域的美誉度，让居民获得高质量的生活。

5. 活力塑造

优秀的使用功能是公园吸引人们进入的力量之一。增加活动功能，从而塑造公园的活力，增加公园的知名度和美誉度，是塑造公园的另一种途径。设计为公园安排文艺游园、展览展示、科普教育以及商业服务等灵活功能的空间，使公园匹配时代对人居环境景观的需求动态。使用功能单一，难以适应使用者的多元化需求，就难以体现公园的公共性价值。在公园空间的详细布局中，采用包容多功能、一物多用的方法激发空间活力。公园景观的形态塑造采用多义性融合的办法，使整体景观形态包含多种文化和艺术展示，充实公园的活力（图3.2.10）。

图3.2.10　公园景观活力塑造设计

6. 精细配置

公园景观设计中配置的各类景观设施，是为了方便市民与游客休憩、观赏和活动，活跃绿地景观氛围而设置的特殊景观。设计者在具体的设计过程中，要充分考虑实用性、经济性、文化性、生态性等原则，基于群体性和个体性的不同需求，精准设置功能设施。公园景观的设计应尽可能结合地域文化，唤起居民的归属感和自豪感。

因地制宜、精准地选择植物搭配与种植形式。在植物配置和活动功能需求配置中，应充分发挥其生态性功能与观赏性功能。考虑植物的生长习性与造型，通过乔木、灌木、草本或藤本植物的合理配置，在视觉上形成疏密合理、高低错落有致、节奏韵律感强的绿地空间。利用场地地形及周边建筑物，与植物配置相互映衬，形成独特的公园景观（图 3.2.11）。

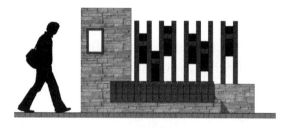

（a）景观设计的尺度比照

（b）景观设计的空间序列比照

（c）景观细节设计与人的活动比照

图3.2.11　公园景观精细配置设计

第三节　区块型景观的更新提质

一、区块型景观更新提质的要点

探讨区块型景观的更新提质，主要从几何形态的角度出发。区块型景观由于自身的几何形状是斑块状的、多边接壤的、具有中心内核的，因此其更新提质设计有一定的规律。以景观更新提质的需求目标为纲，着眼于本底利用、功能提升、空间优化与设施完善等四个维度，采用从整体到局部逐层分解深化的设计方法。

（一）本底利用

第一，景观更新提质是相对于固有环境进行的，对本底条件的充分利用，本身就是高质量建设的要求。无视本底的存在，脱离固有的景观特点，不挖掘固有的景观潜力而另搞一套，相当于推倒重来，不能称为景观的更新提质。

第二，区块型景观的本底利用可以从其几何特征出发，从本底中分析区块的内核；或以单中心、多中心，逐层展开直至区块边缘，聚拢本底的优势景观资源。

第三，本底条件分析遵循软景、硬景结合，近景、中景、远景同步考察评估，整合优势资源的办法，如特色景物、建构筑物（建筑立面）、植物、路径场地。功能、设施、地形和土壤一个都不能少。

（二）功能提升

1.利用固有功能

景观的功能更新提质是在现有功能基础上进行的，判别合理需求，确定保留现有功能及完善，是更新提质改善体验的基本要求。抛开固有功能需求另搞一套，使居民业已存在的需求无所适从，不能称为景观的更新提质。区块型景观的功能存在内部关联敏感、内部互动密切的特点，需要从空间联系的角度进行固有功能的保留和提升。固有功能的优化利用实际上是固有景观的盘活。

2. 添加活动功能

区块型景观更新提质的本质是带来新的、更好的体验，添加活动功能则是带来新体验的抓手。在区块型景观中添加新的活动功能，可以利用紧凑的空间关系，面对使用的人群结构进行设定。活泼的功能能够产生体验之美。

3. 优化生态功能

生态功能的优化是区块型景观更新提质的重要内容之一。区块型景观的多边几何特征，使生态环境自然形成空间纵深，自然形成多角度观赏机会，这些区块型景观中的绿植像是一个个小的生态系统，它们各自独立却又紧密联系。在设计中，要注重植物的选择与配置，力求达到生态平衡，使生态效果与环境效益最佳。这样一来，不仅为城市居民提供了清新的空气和宜人的环境，还为各种生物提供了栖息和繁衍的场所，进一步丰富了城市的生物多样性。区块型景观的空间特点为各种功能的复合利用提供了机会。

（三）空间优化

1. 空间优化

区块型景观的空间与带状、点状景观不同，呈现为几何的块状，有多边、多角度的空间纵深。区块型景观的空间优化可以利用这一几何特点，即通过空间序列的叠加交错，使景观空间灵活而丰富。区块型景观的更新提质，必须要发挥其空间形态上的特点，从区块的多个边缘和纵深的联系塑造新的空间面貌。空间与功能匹配融合是景观更新提质的重要渠道。在区块内设置单节点或多节点，通过路径串联至区块边缘，形成路径交织、组合丰富的景观空间序列。利用这一组合方式，在区块型景观的空间优化中，增加区块内部节点和联络路径，从而优化和创造景观空间。另外，还可以优化区块边缘，改善出入口的景观。区块型景观的空间优化，即内部"设置节点、增加联络"，外部"重门口、优边界"。

2. 景观美化

区块型景观因其具有空间纵深的特点，是连接区域的最佳景观源头。区块型景观的更新提质，直接惠及周边文化的载体。

（1）自然之美。接触自然、回归自然是人们的天性，是居民生活的诉求。

区块型景观的空间优化需要尽可能地保留和扩充自然之美。

（2）文化之美。从文化的角度来看，区块型景观的空间优化通过塑造融合当地历史文化和传统民俗元素的人工环境，使得每一处景观都充满了故事性和文化气息。游客在游览的过程中，不仅可以欣赏到美丽的风景，还可以深入了解当地的文化和历史，从而增强了对城市的认同感和归属感。

（四）设施完善

1. 基础设施

景观环境的更新提质是全系统的，基础设施（如给排水系统、照明系统、通信系统等）作为景观环境不可或缺的一部分，在设计时需要统筹在内。对于区块型景观现状基础设施的利用或新增，需要结合整体景观环境的需要甄别配置，进而安排景观要素与设施的配合和调制。

2. 附属设施

景观环境的附属设施是针对游赏活动而配置的，如公共家具、花基、标识系统等。其不仅能够满足不同人群的需求，促进人与环境的和谐，还能提升景观的整体吸引力和价值。

二、广场景观更新提质的要点

（一）空间整体性提质

法国哲学家丹纳（Taine）在《艺术哲学》一书中指出："也许个别的美也会感动人，但真正的艺术作品，个别的美是没有的，唯有整体才是美。"他从美学的角度说明了如果想创造美的事物，只有做到整体美，才是真正的美。

广场是开放性的城市空间，它不是脱离环境而独立存在的，所以城市广场景观的设计应该从整体的角度出发，与周围的城市环境相协调，最终达到城市整体性环境的统一。广场景观更新提质主要体现在以下几个方面。

1. 与周围建筑环境的协调

广场一般都是开敞式的，周围的建筑是影响广场景观的重要因素。在更新提质时，要将周围的建筑看作广场的一部分，可以将其作为广场景观的背景，融入广场的景观环境中；也可以将建筑看作广场的独立景观。只有将广场的景观设计与周围的建筑有机融合在一起，才能使广场景观与城市大环境相协调（图3.3.1）。

图3.3.1　与周围建筑环境协调的广场景观（广州海珠广场）

2. 与周围街道的协调

广场景观与周围的街道有着许多必然联系，它们是否协调统一，是衡量广场景观质量好坏的重要因素。街道的性质不同，广场的景观就要以不同的形式与之衔接。如果广场周边是具有历史文化意义的古老街道，那么广场的景观就应符合其历史风貌，将景观与街道古老的历史融合起来。广场景观与周围街道的协调，可以通过植物配置、场地铺装、喷泉、雕塑，以及路灯、标牌等设施小品的营造，或者是建构筑物的细部设计来实现（图3.3.2）。

图3.3.2　与周围街道协调的景观元素
（雅典蒙纳斯提拉奇广场）

3. 与交通组织的协调

一是对外部交通组织的协调。如果广场与场地邻近人流车流密集的城市道路，则应该考虑如何使广场内活动的人群不受到外界的干扰，做到人车分流、内外活动分流。例如，可以利用植物作为广场界限来划分空间，也可以在广场界面设置步行缓冲带。

二是对内部交通组织的协调。有些广场的铺装面积较大，视野比较开阔，人们在广场内的活动自由不受限制。通过场地铺装、植物配置限定空间或运用基础设施加以引导，对人们的行为活动起到组织和引导作用。还可以利用景观节点的连接形成一条景观路线，吸引游人前行。

（二）功能品质提升

1. 广场的活动功能

广场空间的开敞性特征，使广场成为人们汇聚的节点，功能的多样性也随之而来，如集体活动、休闲交往等，其更新提质也显示出复杂性、复合性。功能的增加或优化，意味着为广场增加活力。

2. 广场的精准组织

不同的人群对广场与场地的使用有不同的需求。有的人在广场上下棋、聊天，那么就需要一个相对安静的空间；有的人到广场上做操、练剑、打拳，那么就需要一个面积较大、相对开敞的空间。如果是儿童活动的空间，则要设置一些游乐设施。同时，为了配合儿童的心理，其景观色彩应该更加丰富，并且空间不宜过于封闭，否则容易遮挡视线，造成压迫感。根据不同人群的不同需求，在广场上划分不同的景观区域，给人带来不同的心理感受，有的安静，有的嬉闹，有的封闭，有的开敞。多种方式复合使用，可以使广场变得灵动，与人们的活动相匹配。

3. 场地的精细划分

在空旷的广场与场地上，空间的划分应有主有次、有大有小，通过铺装肌理、划线细分地面等办法，以形成空间节奏，使广场上互动的人们有细分的尺度感，从而对同时进行的活动进行地面空间分配，增加了空间容量。

控制座椅之间的安全距离、光照的强弱、空间的私密程度等，都能给人带来不同的心理感受。

4.广场的生态功能

广场固有的空间与景观元素，构成了广场的本底生态基础。广场绿化的生态改善，符合生态的调整配置，是广场生态提质的有生力量。广场景观更新提质要求其生态效能有所提升，其中广场地面元素——铺地是改善生态的重点。地面应能够吸纳地表径流，扩展海绵功能，调节小气候。

（三）改善活动体验

1.广场的人性化提升

广场为政治事件、宗教文化、贸易活动及市民休息等而建。为了更好地服务市民的生活，广场的人性化更新提质备受关注。"人性化"是现代城市设计最基本的理念，日本建筑师丹下健三（Kenzo Tange）曾经说过："现代建筑技术将再次恢复人性，发现了现代文明与人类融合的途径，以致现代建筑和城市将再次为人类形成场所。"这里的"场所"，包括广场与场地。

人往往都有趋利避害的本能，喜欢舒适的环境，视觉、听觉、触觉、嗅觉等都能够影响人们对环境的感受。所以，在进行广场景观更新提质时，要充分考虑这些因素对人的影响，适当考虑设置相对安静、私密的小空间。大场地和小空间的结合，可以满足环境中人的不同需求。但小空间的介入要有合适的尺度和限定方法，以免造成广场与场地空间布局凌乱。广场中的座椅尺寸、踏步高度、坡道坡度、观景视角等各项景观设计的尺度，要参照景观设计尺度相关规范的要求，这样才能更好地满足民众的生理需求。

2.广场的文化性提升

广场作为大尺度户外空间，是人们休闲活动的主要场所，市民通过在广场上的活动获得精神的放松感和生活的归属感。

广场的景观更新提质要对使用者的心理和精神进行关怀。每个人对自己生活的城市都有一份特殊的感情，在广场景观中融入城市的历史文化元素，体现城市特征，能够更好地激发市民的城市自豪感。美国著名建筑师伊利尔·沙里宁（Eliel Saarinen）说过："让我看看你的城市，我就能说出这个城市居民在文化上追求的是什么。"城市广场为多种社会文化活动提供了场所，是人们参与各项文化活动的载体，它可以展现一座城市的精神风貌和文化。

在广场景观更新提质时，要尊重地域的历史文脉，设计出具有历史文化特色的广场景观。不仅要继承和发扬传统，体现地方特色，还要在此基础上创造新文化，将不同种类的文化结合起来，反映现阶段城市的发展状况，使人们可以通过广场景观完整地了解一座城市。以人文关怀创造出不同功能与性质、各具特色的广场景观，以满足不同年龄、阶层、职业的市民的多样化需求（图 3.3.3、图 3.3.4）。

图3.3.3 文化性突出的广场景观（梵蒂冈圣彼得大教堂广场）

图3.3.4 文化性突出的广场景观（罗马威尼斯广场）

（四）景观美化提升

广场作为典型的区块型景观，其美化提升也要顺应区块型景观的规律，即广场景观更新提质围绕"内核＋边缘"的景观美化原则。广场的开敞性，或多或少地带来空间单调感，增强空间的序列感是广场景观美化的方法之一。可以设置景观轴线，串联沿线景观节点，贯穿整个广场，丰富景观层次。将这些文化特性与植被、水体、小品等其他广场景观要素相结合，会构成不同特色的广场景观，更能体现广场景观的"个性"，使人们获得美好的、丰富的体验。

三、公园景观更新提质的要点

公园作为斑块状绿地景观的一种，广泛地存在于人居环境景观系统中。随着人们对美好生活的向往，公园与人居环境需要更新提质。公园是人居环境景观的重要组成部分，通过空间品质影响因素分析，结合与人相关的开放性、功能性、人本性、生态性、文化性及安全性等原则，确定公园景观更新提质的技术路径，在功能方面强调复合性。通过区域融合、历史承接，以及结合不同人群的需求，形成多元复合的功能分区和空间提升策略。公园景观更新提质要以人的体验和感知为出发点，结合不同人的需求，体现人本性景观细节的提升。

（一）开放性

公园景观更新提质，首先要对周边人居环境服务进行深化。公园的公共性是其服务基础，人们对自由开放空间的向往，要求公园发挥开放的空间属性，与周围人居环境形成更多的互动和交往。

环境心理学把社会空间分为社会向心空间和社会离心空间两种。同样，作为社会空间的公园，其空间开放性也可分为向心开放空间和离心开放空间。从公园与周边人居环境来看，前者主要包括公园的边界、出入口、主要空间、通道和视线廊道等，后者则多为园内的分散式空间。园内的开放空间则以引导、容纳大范围聚集活动为主，是人流聚集度较高的区域，是公园的核心活力空间。园内的离心开放空间以小范围互动方式为主，分布在

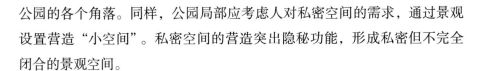

公园的各个角落。同样，公园局部应考虑人对私密空间的需求，通过景观设置营造"小空间"。私密空间的营造突出隐秘功能，形成私密但不完全闭合的景观空间。

中国传统概念的"园"是有围墙、隔离边界的地块，历史上形成的公园围墙，对公园的开放性有一定的阻隔，在更新提质中，需要适当打开，拆除没有必要的公园围墙。当然，具有一定人文价值和历史价值的公园围墙仍然需要保留和维护。

（二）功能性

随着人们对人居环境景观功能需求的变化，公园的环境功能改善具有重要意义。以改善公园的活动功能、充分发挥生态功能为原则，调整不适应需求的功能，完善、补充和增加符合时代需要的活动功能。

一是结合区域功能协同发展思路，统筹考虑周边区域的功能需求及联动发展要求，在公园内植入历史文化、综合服务、旅游服务等职能，实现公园与城市联动协同、良性发展。二是从公园内部功能着手，分析公园历史及现状既有功能，搭建基础功能谱系，结合人群需求植入异质功能，提出总体功能的空间结构及植入功能的具体方式。

根据公园中现状人群在公共空间的聚集度，划定不同的公共活动空间。公共活动空间主要有公共广场、公共健身场地、公共休息平台、公共景观中心节点等。根据人流聚集程度，将空间活力度分为高、中、低三种。高活力度空间包含公共广场、公共健身中心，中活力度空间包含公共景观中心节点，低活力度空间包含公共休息平台和一般公共区域等。空间活力度是两种概念叠加的结果：一是人的活力度在公共活动空间中的体现，前提是人，结果是空间；二是将人的活动进行详细调研、分类整理，在空间布局的过程中给予对应衔接，形成独特的空间分区，实现功能空间差异化。例如：公园拓展树下空间，增加游人纳凉的去处；增加阳光草坪，提供晒太阳的场地；增加公园夜游的场地和设施；配合使用容量的增加，配套新型的服务驿站、网络设施等。深化公园的生态功能，增加"海绵"设施，对场地的铺地进行局部改造，使公园充分吸纳地表径流，发挥雨洪管理的功能等。梳理生态本底条件，改善植物搭配，补充适宜动植物生存所需设施，体现其生态性。

（三）人本性

随着人居环境品质建设日益受到重视，公园建设也不应局限于功能性，而应基于人的全面发展，就不同活动的场景心理需要、不同年龄的体验需要，展开更新提质。遵循人本性原则，更新改善人性化设施，营造不同的功能场所，使景观空间与设施满足各类人群的需求。例如，利用微改造使园路的使用功能多元化，满足通过性、游览性、短暂停留性等不同活动的需求。公园的主体是面向所有公众的，在个别区域也需要考虑个人的隐私活动，让公园能够充分接纳个人的活动需要。

景观设施作为景观空间使用载体，体现了公园的细节和精细化设计，结合人本主义，将人性化设计应用于景观设施，通过健身设施、无障碍设施、铺地、雕塑、座椅、标识等载体实现设施人性关怀，体现景观环境内涵品质。人性化设计最早应用于工业产品设计中，由美国设计师普罗斯（Pulos）提出。人们在满足基本的生理需求之后，更应注重心理需求。应结合丰富的景观空间，以人的心理和感受为设计初衷，充分发挥景观设施的服务功能。景观设施的使用对象是人，把握好人的使用尺度尤为重要。在生理尺度上，要了解人的身高、体重、体型、性别等；在心理尺度上，要结合老年人、残疾人、中青年和少年儿童的不同心理需求，以及对景观设施的要求，实现景观设施的均衡布局。景观设施的人性回归，是人性需求的物化体现。例如，结合老年人体弱的特点，加强木材座椅的扶手设计，铺地的防滑要求，从细节入手，景观设施设计应符合人体工程学的原理，满足其安全使用的基本需求。对于不同年龄的游客兼顾应对，使公园满足全龄群体的需要，如改善适老、适幼的活动空间，增加适应中青年需要的运动功能。结合不同景观设施做好分区，动静结合又不互相影响，满足多样选择需求。同时，利用景观设施与景观空间的有效组合，形成具有场所感的景观空间，满足人们的心理归属感。通过人性景观设施，提升不同人群的心理认同。

（四）生态性

公园景观更新提质，需要开展对公园现状植物的调研。基于现有植物种类，结合自然、美学、文化等原则，形成"适地适树"的植物选择。通过种植乡土植物，营造不同的景观空间，采用地被植物、灌木、乔木等构建多层次绿地景观，是公园景观生态完善与提质的方法。

植物功能方面：植物功能主要表现为结合不同功能空间和景观设施配置，形成人性化景观空间，根据不同人群特征结合主要活动区域，进行不同植物的配置。健身、广场、座椅等空间和设施旁宜选择高大落叶乔木，夏季遮阴、冬季通透，便于阳光照射。树种可以选择法桐、国槐、柳树等。考虑噪声、灰尘的影响，以阔叶类植物形成多层次景观空间，改善景观环境。结合各类人群主要活动，对主要植物种类和空间营造进行研究，通过对乔木、灌木、草地的合理构建，形成上、中、下层级分明的多样景观空间，增强游览的趣味性。通过单一特色树种形成标识性景观空间，结合乔木、灌木、草坪形成可私密、可通透的景观，营造丰富、趣味的景观空间。

植物景观方面：大面积绿地形成的绿地景观空间是公园的主景空间，主景空间以面状景观空间为主，现状以常绿植物种植为主，点缀少量有色植物，冬季植物色彩单一。基于现状主景空间特点，以适应性、多样性、持续性为原则进行植物种类选择。从植物的总体形态、线条构造、色彩属性等方面全面衡量，结合主要景区不同空间营造要求，植入观赏性较强的花卉、地被、灌木等，强化景观空间层次。按照"单株挖潜、丛植为主、背景适宜"的配置原则，充分挖掘单株植物特征，从色彩、形态、观赏性、功能性等方面合理选择、科学选址。适当降低绿植比例，增加有色植物比例，通过多种植物排列组合方式，营造景观廊道、景观微空间、开敞空间等。通过丰富多样的景观植被类型，塑造有序景观空间和游览路线，最终实现景观与周边生态环境的协调统一，营造多元生态景观环境。

（五）文化性

随着人居环境品质建设日益受到重视，公园建设也不再局限于功能性，对其文化性、艺术性、观赏性也应有所考虑，让公园景观空间生动有趣、令人愉悦，从文化维度让人们对美好生活的向往得到完整回应。公园与其他空间最大的区别就是其文化性的体现，其所蕴含的文化包含了历史文化和现代文化两种。历史文化主要依托景观所包含的历史元素，以中原文化、中式文化和民俗文化为主，可结合景观文化展示空间，在景观设施、环境风貌等方面予以体现。现代文化主要以现代人对功能的需求结合历史风貌的外化形式予以表达，通过历史与现代文化的交融，充分展现公园的文化内涵。

以文化艺术性理念融入异质功能，营造景观空间。例如，将雕塑、多功能艺术小品与其他要素组合搭配，完善科普与文化功能，既能满足基本功能，又能形成人性化景观空间。结合不同人群进行合理布局，营造能够满足人们观赏、休闲、游憩等内心需求的景观环境空间。

（六）安全性

在人居环境中，人对空间有一定的活动、占有和控制需求，公园的公共性凸显了安全性的必要。公园景观更新提质包括消除安全隐患，完善安全措施。通过心理学家研究，空间领域性是环境空间的属性之一。空间环境营造对不同人群有不同的要求，但其基础属性一定是安全性。通过公园软硬景配合，可以使人获得安全感、舒适感。另外，安全性同样是公园景观设施设置的首要条件，着眼全龄人群的安全，安排适老、适幼的充分安全设施。公园的景观设施、建构筑物、植物的种植、铺地、路径、滨水设施等，是使用者自如活动的重要保障，使用安全与公园景观更新提质息息相关。

第四节　廊道型景观的设计

一、廊道型景观的设计要点

（一）联通性与疏导性作用

廊道型景观是自然形成的生态廊道、河流廊道，或是人为形成的路径通道、交通廊道、旅游和文化廊道，其基本要点是生态的联通性、交通的疏导性。廊道型景观设计离不开其联通与疏导的作用（图 3.4.1）。

图3.4.1　廊道型景观

（二）多目标功能的载体

人居环境景观中的廊道型景观，由于其大尺度、范围广、接触面多，自然形成交通功能、生态功能与景观游憩的需求，因此成为多目标功能的载体。廊道型景观以交通路径、城乡基础设施等形式服务沿线的生活、生产、生态和文化需要，具有交通可达、生产服务、生态维护、文化空间载体等功能，普遍具有可达性高、步行友好、辐射性强、多功能并行的特点。就道路交通而言，生产通勤需求具有潮汐性，生活休憩需求具有季节性，漫道步行需求具有舒适性，便民设施需求具有可达性，人文风貌需求具有地域性，等等。就河流渠道、生态廊道、生态保护性通廊而言，廊道型景观以生态系统性需要为基础。

功能多样、对沿线的辐射兼容是廊道型景观的最大特征。在用地紧张的背景下，进行景观设计需要面对多样、复杂的需求，采用以流塑形、以形导流的做法，可以辐射带动沿线区域，协调各功能系统，这是廊道型景观的设计要点。

（三）线性空间的特点

廊道型景观体现为线性的、带状的空间；线性空间由点、线、面的几何空间构成，在人居环境中以道路、河流及带状等线性连续的形态出现，因沿线环境要素的不同而形成不同的区段，具有以点连线、以线组段、连片成面的特点。线性空间可细分为人工线性空间、自然线性空间和混合型线性空间三大类：人工线性空间以路径、建筑等形式出现；自然线性空间以河湖水体及生态廊道等形式出现，具有将生态链条串联贯通的特点；混合型线性空间是人工与自然的交叉混合。界面关联片区是线性空间的空间特点，线性空间中的点、线、面等要素是研究空间形态的首要抓手，也是研究空间系统整体形态的关键。

二、廊道型景观的高质量发展需求

2018 年，中央全面深化改革委员会发布《关于推动高质量发展的意见》，强调"需加强区域协调发展，缩小区域发展差距"，同时还强调"人民利益""提高居民生活品质"，以"居民生活满意度"作为重要指标。这意味着我国城乡发展正由"大拆大建"的大规模增量时代，逐渐向"盘活存量，精致建设"的高质量发展时代转变，不断探索"减量发展导向下构建高质量城市更新工作体系"。

（一）当前廊道型景观建设的主要痛点

1. 缺乏系统性资源整合

廊道多位于功能板块的边界，且多穿梭于不同的功能板块，甚至是不同的行政区域，这往往代表着廊道型景观建设需要处理不同资源地块间的关系。而多项碎片化的功能资源需要进行系统性梳理、统筹协调，才能借助廊道的纽带作用，发挥应有的效益。

2. 项目导向建设导致空间治理碎片化

常用的项目导向建设方法，以开发单位或建设单位的意向作为建设方案制定依据。但廊道空间的线元素属性导致其涉及多元主体、多种性质控制线和行政区域并存的特性。若一味地以单一方向项目建设为导向，未能深入研究各专项项目的大背景，单一开发主体未能对廊道空间进行整体性统筹考虑，则容易忽略廊道空间，甚至是破坏城乡格局的整体性，导致廊道空间碎片化。同时，若多个行政管理主体、多项控制线之间的建设目标导向、建设时序等不能协调，也容易造成空间性质紊乱、空间资源利用率下降。所以，目前许多学者提倡的"多元共治""多规合一"等综合治理手段，更加符合城乡可持续发展、高质量发展的目标。

3. 对环境特质缺乏重视

廊道系统的跨度较大，常横跨不同的风貌区，在廊道空间内部也会出现不同的空间分化现象。例如，连接城乡等环境要素跨度较大的区域性廊道，在廊道空间内也应呈现出一定的城乡风貌梯度。但是，部分廊道型景观在重视其功能性的同时，未能重视其与区域风貌的结合，缺少呈现当地环境特质或人文资源的环境设计，使区域环境资源未能得到有效利用。

（二）高质量城乡发展导向

更新提质是对既有空间的改造，是"空间再生产"的过程，也是城乡可持续发展的动力之一。"十四五"时期，中央经济会议将"创新、协调、绿色、开放、共享"确定为城乡高质量发展的方针。在高质量发展的时代背景下，城乡空间要求区域间协调发展、注重完善城乡功能、提升空间品质、维护人民群众的利益。以当前城乡架构为主要框架，向空间品质提升转向，针对现有空间的更新提质成为新时代的发展需求。打造高质量的城乡空间建设、高质量的空间治理管理服务、高质量的人居环境。国内外学者也针对空间更新提质提出了强调可持续发展的"韧性城市"、强调社会公平的"包容性城市"、强调提升人居环境的"韧性城市"等建设理论。

在高质量发展的潮流中，各式各样的城乡空间建设迎来新的诉求，各地陆续开展包括绿地、街道、碧道、古驿道等多种不同类型廊道的更新提质工作，探索通过廊道的更新提质来改善环境品质，以带动沿线区域发展，带来更大的社会经济效益。由于廊道空间具有功能作用交织、生态效应交织、景观作用交织的特性，加上廊道涉及的地域广阔、沿线区域的功能资源复杂，因此城乡发展可借助廊道空间的更新提质工作，以线带面，以线连片，带动周边沿线开敞空间更新提质，激发沿线的资源活力。因此，更新提质工作依托廊道本身具备的功能资源与所处大环境的资源条件，对固有的环境设施进行更新建设，使得廊道空间达到功能品质提升、空间环境优化、体验品位改善、生态和文化环境改善等价值提升，是城乡高质量发展的主要路径之一。

由于廊道型景观具有相似的空间特征和服务公众的特点，而且目前多数廊道型景观的更新提质表现出在规划、建设和使用管理方面的整体品质提升，呈现出综合性和复杂性。因此，对廊道空间更新提质共同的技术要点进行研究探析十分必要。围绕高质量发展的需求，同时避免更新提质中出现各路分头发力的局面，廊道空间的更新提质需要达成共识。

三、廊道空间更新提质的设计策略

无论是以交通为导向的街道、交通廊道，以生态环境为导向的生态廊道、河道，还是复合型的绿道、文化廊道，都是廊道空间在服务人民的生活、生产和生态环境。其更新提质策略有一定的规律。

（一）以廊道空间更新提质带动沿线发展

廊道空间的更新提质大多从改善廊道体验、优化生态环境、美化休憩环境及提升开敞空间等方面出发，开展街道品质提升、绿道建设、河道治理、碧道建设及古驿道建设等行动，其功能、服务及景观环境品质直接左右着城乡的整体质量。廊道空间的更新提质对沿线区域起着重要的带动作用，对区域整体发展、城乡空间系统的影响举足轻重。国内外已有许多廊道空间更新提质的经验，皆以带动廊道沿线区域发展为导向。

1. 国外的廊道空间更新提质带动区域发展

美国波士顿利用现有的廊道空间，打造出绵延 16 公里的波士顿绿廊。绿廊不仅有效地解决了城市环境恶化、公共空间缺失的问题，还在城市发展的进程中引导城市沿绿廊有序发展，使"生态效益、社会效益、经济效益、文化效益"都汇集在绿廊沿线，从而达到可持续发展的目的。

西班牙马德里的曼萨纳雷斯河岸改造更新工程，7.6 公里的绿地廊道成为周边零散区域的纽带，通过开敞的自然空间串联带动当地居住社区，为市民提供了充满活力的城市便利设施。廊道空间的更新提质对于沿线片区起到带动、激活的作用。

韩国首尔的清溪川改造，清除了覆盖河道的高架桥和构筑物，疏导紊乱的交通，使原先的暗河重见天日。通过综合河道整治和水体恢复，强调自然和生态特点的景观设计受到当地市民的喜爱。清溪川的改造推动了当地片区的整体环境提升和交通体系建构，有助于提升沿岸地块的附加值，为整合周围地块成为区域经济中心创造了条件。

美国纽约高线公园作为典型的高密度城市空间改造项目，利用工业遗产在空中架起了4.2公里的廊道。廊道采用游憩性场所营造模式与丰富的植被景观，在高密度城市空间内提供了大量的公共空间，聚集了大量人流。高线公园的设立，拉动了周边地区的经济发展，使沿线的工业遗产及工业文化得以保留，并形成新的时尚艺术产业汇集地。

2. 国内的廊道空间更新提质与沿线的高质量发展

廊道空间支持区域发展在国内城市中十分普遍，同样是利用廊道空间更新，实现城市高质量发展的有力例证。北京中轴线及延长线作为典型的廊道空间，成为北京城市发展的引导线。其中，城市空间、绿色空间和文化塑造不断强化城市空间的秩序，成为城市建设的骨架。而延长线也打通了京津冀区域、京雄区域的通道，协助区域间协同发展。

珠三角地区以"三道"（绿道、南粤古驿道、万里碧道）为基础的廊道空间建设，采用廊道空间更新提质，在珠三角地区铺线成网，解决大量区域功能碎片化、孤岛化的问题。"三道"网络作为珠三角地区连接乡镇的重要廊道，在连接产业与服务功能的同时，也以"路径体验＋历史文化＋联通城乡"的多元功能复合体系，带活沿线地段，促进城乡互动发展。结合乡村振兴、特色小镇建设、美丽乡村、精准扶贫等政策契机，推动"三道"，特别是古驿道沿线特色镇村资源和扶贫村的建设，促进广东落后地区和全省区域均衡发展。

空间跨度特点造就了廊道带动沿线区域发展的特质，廊道空间的更新提质需要提高自身品质，扩展廊道的空间辐射力；融入区域整体，发挥廊道空间优势；联动沿线特征，营造廊道空间特色。就我国的规划建设体制而言，廊道空间更新提质需要对接上位规划，对城市设计进一步细化和深化，拓展廊道空间的辐射力。

（二）融合双修思路提升整体效能

城市无序扩张时代遗留了许多问题，如街道杂乱、廊道不畅、管道欠缺等。因此，"城市双修"的治理理念应运而生。"城市修补、生态修复"，通过更新提质修补城市设施，提升城市空间的特色和活力，同时修复被破坏的生态环境及相关要素。而廊道作为城乡格局的重要组成部分，廊道空间更新提质同样可以完善城乡空间、修复公共空间和绿色空间的生态问题，补充城乡基础设施，提升空间品质。借由高延展性的空间特点，廊道空间的"双修"还能扩大辐射面，不仅能改善城市空间，还能引导城乡融合。

以街道为例，作为典型的廊道空间，在"修补"层面，街道的更新提质主要是改善道路交通、完善道路市政管线功能设施。包括理顺总体交通组织，改善人行系统、机动车、非机动车通行系统等；完善沿线交通设施、改善路面体验；缓解交通拥堵，消除交通瓶颈。同时，地面以下的市政设施也需改善管线设施系统的服务能力。在"修复"层面，主要改善生态环境质量，修复廊道沿线被破坏的自然环境和绿地，调理沿线现状的植物，发挥植物的生态和景观功能，建设口袋公园、海绵设施等。另外，还需提升人的体验，整理沿线风貌，丰富功能内容，彰显当地特色景观文化。总体来说，廊道空间的"双修"需要惠及地上地下。无论是实体建设的"面子"更新，还是作为基础设施的"里子"更新，都需要面向高质量发展的要求，革除积弊，发挥环境整体效能，才是系统性治标治本的更新提质。

（三）韧性化的更新提质策略

早期相对僵化的廊道基础工程，缺乏应对城乡变化和自然界干扰或冲击的适应能力和恢复能力。许多城市、乡村的廊道正在经历这种社会变化、自然变化带来的冲击，如生态系统的割裂、河道污染、街道内涝、不断增加的交通流、公共卫生事件影响。每一次灾害都给城市带来巨大的损失，而且这些建成的基础设施也没有预想中强大的抵御能力。所以，具备一定的"韧性"，这是在面对外部干扰下不被击溃的能力。一旦受到灾害的威胁，能够消化并吸收外界干扰，防止灾害的发生。面对冲击产生的不利结果，可以较快地恢复到正常的状态。

更新提质是在有限的空间和一定的资源条件下进行的，满足可持续发展是廊道空间高质量更新提质的目标之一。因此，应充分利用"韧性"效用，一般分为工程韧性和生态韧性。

在工程韧性层面，城市廊道所承载的基础设施是城市的生命线，如交通廊道。在危机来临之际，良好的韧性是城市快速恢复、减少损失的关键。工程应结合城市特征，对风险概率进行一定的分析，做好风险管理。同时，基础设施往往是多套系统建设（如水力、电力、燃气等）相互配合。因此，工程韧性还需要考虑不同系统间的相互干扰，做到既有一定的配置冗余度，也要考虑经济性。保证基础设施主体结构坚固、系统容量充足、应急预案充分、运行调控合理、灾害应急快速。

在生态韧性层面，生态景观建设也应具备受干扰后的调节能力和环境适应能力。由于城市大面积硬底化，城市生态表现出极大的脆弱性。而廊道空间作为蓝绿生态体系的一部分，可成为城市蓝绿基础设施和难得的生态网络，为韧性景观融入城市空间提供了基础保障。新加坡加冷河道的更新提质，是河道空间生态韧性提升的典范。其将混凝土河道改建成生态河岸，与沿岸的绿道空间一起，打造韧性景观。生态河岸借助植被的净化能力，可以有效防止河水污染，并为动植物提供天然的栖息地，增加生物多样性。生态绿化具有生命力，即使被局部破坏，也有一定的自我修复能力。同时，弹性河岸作为人工河漫滩，也增加了运载河水的能力，可加强雨洪管理、减少城市洪涝。此外，开敞的生态河岸在平时也为市民提供了丰富的亲水空间，可供休闲娱乐，增加市民对城市的归属感。

总体来说，廊道的韧性化更新提质需要提高廊道空间的环境弹性适应力。例如：廊道适地适树，采用适宜当地气候的植物品种，以增加区域生态系统的韧性；廊道沿线设置雨水花园，利用海绵城市设施消纳地表径流，以增加雨洪管理的韧性；廊道设置潮汐车道，满足不同时段的交通需求，以增加交通流量的韧性；廊道设置复合型基础设施，利用工程和生态的特点相互支持，以增加工程设备的韧性；等等。

（四）复合功能协同提质

单一的项目导向缺乏整体性的统筹考虑，容易出现尺度过大、功能单一、配套缺失的问题。而廊道空间通常需要处理多种功能并存问题。在高质量发展理念的要求下，廊道空间的更新提质需要基于自身环境条件，协调生活、生态、生产、文化功能、公共服务、社会交往、基础设施等多项功能需求。因此，有效识别廊道空间及所处地区的资源价值和构成要素，在现有基础上全面考虑各项功能需求，挖掘发展潜力，是新时代人居环境景观更新提质的新要求。

可以建立混合利用的空间组织模式，在更新提质中最大限度地盘活存量空间，挖掘综合利用的潜能，有效实现多种功能协同利用。街道作为城市最常见的廊道空间，除承载交通之外，还承载着居民的日常生活，是典型的公共服务、生活、交往并存的空间形态。因此，在以人为本的设计理念下，应同时关注人民生活和交流的方式。在通行功能上应考虑疏导交通，在城市基础设施上应考虑管线等基础设施的提升；在日常生活层面应考虑人行体验，增设口袋公园，优化城市家具；在景观功能上应提升城市风貌，推进历史保护、文化展示。

在城乡空间格局中，常出现"多线协同"的廊道，如交通廊道与河道、绿道等并线。早期的城乡廊道空间，特别是人工廊道，多为连接城乡的生命线。若只注重交通运输价值，则会忽略沿线的生态价值、历史人文价值等众多有发展潜力的资源。因此，在高质量发展要求下的更新提质需要同时注重强化生态和文脉保护，活化利用沿线资源为区域发展服务。在珠三角地区的"三道"廊道布局中，南粤古驿道注重历史文化的挖掘，绿道、碧道注重生态资源与人行需求的协同发展。打造"廊道+"空间，将廊道与生产、旅游、生态、文化等结合，提升沿线环境风貌、盘活沿线服务功能、改善生态环境、建设慢行路径等休闲功能，为城乡廊道赋能，建设成多元化的功能体系。

（五）面向人性化需求的更新提质

简·雅各布斯（Jane Jacobs）在《美国大城市的生与死》中写道："人

与人之间的活动及生活场所相互交织的过程，形成了城市生活的多样性，使城市获得了活力。"在城乡活动中，人是主要的参与者，并对廊道空间有最直接的体验。因此，高质量发展的理念下的廊道空间更新提质不可忽略人的需求。

1. 关注人性需求

住建部出台的《城市步行和自行车交通系统规划设计导则》中指出，在新建、改扩建的城市道路，以及绿道、河道等工程中，全面提升步行和自行车交通系统的安全性、方便性和吸引力，促进城市交通发展方式的转变和人居环境的改善。从重视机动车通行转变为全面关注人的交流和生活方式，有力指引了廊道空间更新的"人性化设计"，即更关注人本尺度的空间形态、人的活动和体验需求。

在马斯洛的需求层次理论中，满足生活活动是第一层次。廊道为使用者提供便利，更多体现为通行活动的便利性、可达性，应完善廊道空间的步行交通系统，提高廊道连接公共空间的便捷性。第二层次的需求是安全、卫生和健康。廊道空间应为使用者提供一定的安全和卫生设施，如栏杆、围栏和安全围护设施、指示牌和标识系统、健身活动设施等。

交互感与尊重感应立足于公共空间具备的社会交往属性。以富有层次感的空间设置，为人们打造适宜停留、交谈的场地，促进不同群体交往，甚至是人与环境的互动。同时，强化环境特征，唤起人们对廊道空间特性和文化背景更深层次的认同，还能提升人们的归属感。此外，对于当地居民而言，地域文化背景、时代特征、空间特征往往会形成一定的集体记忆。因此，廊道空间的更新提质应从当地自身特点和文化出发，在具备现代舒适感的同时，满足人民文化认同感和归属感的需求。在尊重群体共性的同时，人性化的设置还需要尊重个体的差异性。以人本思想充分分析环境使用者，尊重人的特性并创造包容性的空间。

自我实现需求则是属于更高层次的人性需求。更新提质的本质是挖掘区域价值，为空间赋能。但更新是一个持续的过程，不会因项目的终结而停止，甚至可能因公众的参与而持续实现更多更贴近人性的场地价值。

因此，自我实现的需求也是廊道空间使用者共同营造、不断生长的过程（图3.4.2）。

(a) 沿街多样的生活选择

(b) 沿街丰富的生活行为

图3.4.2 人性化的廊道型景观

2.改善使用者的体验感

廊道空间体验的好坏直接由使用者反馈，其更新提质的成果也是通过人的活动及感受得以确认的。使用者的舒适感是高质量更新提质的标志之一。舒适感由人的感知而生，受环境中各种因素及条件的影响。作为公共空间的廊道，需要从最大公约数出发，具体筹划廊道系统的舒适性，确定舒适性尺度。

"五感"是人感知外界环境、获取信息的重要途径。其中，视觉感知因素占比最大。因此，廊道体验的舒适性存在"视觉第一"的原则，如廊道中的建筑街景、河流路径、青山绿水、自然田野等视觉元素。廊道空间更新提质涉及的视觉元素可以用区域、边界、路径、标志和节点等视觉感知形态划分，通过对形态、材质、色彩和体量等组合的感知，形成直观的心理反应。同时，愉悦的听觉体验也能增加使用者的舒适度，如生态型廊道中的风声雨声、虫鸣鸟叫声等自然声音往往会使人感到精神安适，城乡休闲型廊道中设置的流水景观、风铃声、晨钟暮鼓或音乐等也有烘托氛围的作用。而恰当的声学设置也能遮蔽一些不愉快的汽车噪声等。此外，触觉、嗅觉，甚至是味觉，都可能提高使用者的体验舒适感。例如，近距离触摸古城墙等历史遗迹，不同花草植被带来的触感和芳香型嗅觉刺激，可食景观带来的味觉体验。

在感知的基础上，通过主体思想、知识逻辑和过往经验的综合作用，体验者可以形成"意"的抽象体验。例如，地域特色的公共意象可以使体验者产生民俗风情的意境感知，对文化意境的体验亦可增加归属感和愉悦感等主观感受，因此传统文化和场所精神的演绎是激发联想和意会的方法。

人的体验感受是综合的，廊道舒适感的输出方式也是综合的，要求廊道空间更新提质面对环境气候、空间整体、要素系统、地域文化，甚至管理维护等都需要进行高质量筹划，这是廊道输出满意体验的途径。总体来说，廊道空间的塑造要与使用者的舒适要求相匹配。具体表现为区段职能的设定与环境特征相匹配，要素布置与使用功能相匹配，空间尺度与活动需求相匹配，设施材质与体验感知相匹配，建造与维护运营操作相匹配，特质形态与场地精神相匹配（图3.4.3）。

(a) 与体验匹配的景观元素

(b) 与活动匹配的景观元素

图3.4.3 改善廊道型景观的体验

（六）全生命周期的精细化提质

过去所谓的"形象工程"一般都存在"急功近利"、罔顾城乡运行的常态性和持续性，出现规划、建设、管理各阶段脱节的情况。廊道空间更新提质涵盖多个学科，工作内容繁杂、综合性高。但目前的工程设计规范、标准大都是从交通、市政或水利的专业角度做出规定，容易导致协调问题，存在专业之间对接不足、细节实施衔接不足的问题，从而导致空间体验感不佳。而高质量发展要求下的更新提质，要求全生命周期的精细化。全生命周期是廊道的规划、建设、管理、运营、维护，甚至是周期再循环的过程。要求廊道空间的更新提质不可止步于规划建设，而是融入长期运营思维，与各专业、社会各界力量维持信息要素互联互动。在有限条件下的竞合、协调，进行利益最大化的选择。相应的，要素互联也有助于各方力量，甚至在政策上保留一定的弹性，为空间的可持续发展保留可能性。

　　高质量的更新提质就是要扬弃过往模糊的界定、粗放的规划与设计、粗糙的实施与管养，对全元素和每个细节进行精确的设计、精致的实施、精密的运行维护。在国土空间规划体系下，廊道空间有多线控制、多主体管控的特点。精细化的分类分级管控是做好廊道空间精细化更新提质的前提，在各部门统筹协作的基础上，明确廊道的主要问题及空间更新的主要方向、重点及难点。在明确责任范围、责任标准的同时，也要加强各部门、各专业之间的工作衔接。管理、运营、维护的工作同样需要精细化，应建立责任规划师制度，使核心理念贯彻廊道空间的全生命周期。针对廊道的大跨度特点，可实行"总规划师与分段责任人"并行参与管理，与各方主体保持信息的互联共享，有助于廊道空间的长效维护。

　　目前，城乡空间结构已经基本成形，城乡建设逐步转入存量空间更新提质的新阶段。但是，传统项目导向思维的修补模式缺乏系统性资源整合，也缺乏对环境要素人本思想的重视。因此，在高质量发展理念下，为达到空间品质提升的目的，本书从不同维度分析了廊道空间更新提质的六项实施要点。立足于廊道的特点，即空间依托自然呈线性开敞，有跨度大、辐射面广、连接性强的天然优势。可合理利用廊道空间周边的资源，在更新提质的过程中带动区域发展。对于城乡快速发展中遗留下来的生态问题、功能单一化问题、空间结构碎片化问题，在廊道空间更新提质中应依据"城市修补、生态修复"和提升韧性化的策略，以求革除积弊，发挥环境整体效能。同时，结合廊道及周边的资源要素，实现多功能要素的复合，可以最大限度地盘活廊道存量空间，做到提质增效。对于当下日益提升的公众需求，以人为本的更新理念要求规划者关注人性需求，通过改善使用者体验，关注人性尺度，营造人民喜爱的城乡环境。除前期的规划、建设工作之外，

155

运维管理也是廊道更新全生命周期的一部分，在空间治理的各个部分做到精细化，才能促成廊道空间更新提质，甚至持续迭代升级。

随着国家治理能力的不断提升，人民对城乡空间品质的需求也在提高，必然对空间建设能力、管理能力提出更高的要求。高质量的廊道空间更新提质，合理有效的设计策略，将会帮助城乡提升环境品质，改善人民生活质量，建设生态和谐、产业兴旺、文化兴盛的现代化城乡格局。

第五节　廊道型景观的更新提质

一、道路景观的更新提质

（一）道路景观的设计

1. 道路是承载物流、人流的风景线

道路景观是城乡景观的重要组成部分，它不仅与景观资源的审美情趣及视觉环境质量有密切的联系，还对生态环境、自然资源与文化资源的可持续发展和永续利用起着非常重要的作用。

道路是指达的各个区块、街道的通廊，在交通运输及行走方面便于居民生活、工作及文化娱乐活动，并与其他线路连接，负担着对外交通作用。其主要功能是通行、运输、绿化，以及提供隔离地带和避难场所等。道路景观设计需要从实用功能和美学观点出发，在满足道路交通功能的同时，充分考虑道路空间的美观和使用者的舒适性，以及与周围景观的协调性，为让使用者感觉安全、舒适、和谐而进行的设计。

一方面，道路作为出行的空间通道，起着不可替代的空间联系与输送的作用；另一方面，道路也承载着人们的通行体验，因此道路本身就是景观。道路两旁的建筑、绿化、自然山水及设施等围合而成的 U 形界面，构成道路景观空间。道路不仅为人类提供出行便利，也提供对环境的美好体验。道路通行功能与景观功能的融合，可以提高人居环境景观的认同感，这是道路景观更新提质的要求。现代化的道路，除满足交通运输等使用功能外，还应考虑行人的体验，考虑沿线区域的景观协调，做好道路的绿化美化，消除交通噪声和扬尘，调节路人的情绪感受（图3.5.1）。

（a）道路牵引着市民的活动体验

（b）车流带动街道图景

图3.5.1　廊道空间是城市主要景观之一

2. 道路是连接区域风貌的有效途径

道路可以看作城乡的运输"血管"和空间"骨架",也是人与环境对话的窗口,直接影响人们对区域的印象。无论是道路的宽窄、两侧的景物风格与体量,还是穿梭其间的人们和车流,甚至是沿路的灯杆、井盖等细节,都变成人们视野中的风景。因此,加强道路景观更新提质,是提升城市品位的有效途径。

道路可以把不同区域的人文景观、自然景点组织起来,形成连贯的风景线。城市道路所形成的路线可以使人们得到清晰的城市意象,好的路线可以加深人们对城市风貌的印象。例如,香榭丽舍大道连接协和广场上的方尖碑及星形广场的凯旋门,它见证了巴黎的兴衰交替,记载了巴黎的历史文化。香榭丽舍大道位于卢浮宫与凯旋门连接的中轴线上,又被称为凯旋大道,经过巴黎市中心商业繁华区,全长 1800 米,最宽处约 120 米。其东起协和广场,西至戴高乐广场,横贯巴黎的主干道,被列为世界十大魅力步行街之一。

3. 道路是人们活动与交往的公共空间

道路是人们生活的必要活动路径,是人们使用最为频繁的公共场所。观光的游客沿着道路游览了城市,认识了城市;当地居民习惯性地在道路上活动并感受着道路上其他人的活动,人与人之间的交往与互动增加了个人的归属感,形成了城市的活力(图 3.5.2)。

丹麦学者扬·盖尔(Jan Gehl)在《交往与空间》一书中提道:"户外活动可分为必要性活动、自发性活动和社会性活动三种。必要性活动在各种条件下都会发生;自发性活动只有在适宜的户外条件下才会发生;而只要改善公共空间中必要性活动和自发性活动的条件,就会间接地促成社会性活动。"若城市公共空间能够引发大量游客的自发性行为,进而促进社会性行为的产生,则说明空间的环境对于人的行为具有导向性。美国城市学者简·雅各布斯认为,人与人之间的活动及生活场所相互交织的过程,形成了城市生活的多样性,使城市获得了活力。2013 年,联合国人居署发布报告《街道作为公共空间和城市繁荣的驱动力》,道路的景观更新提质需要关注道路的活力。

(a) 生活型廊道承载生活场景

(b) 通勤廊道侧重交通

图3.5.2　通勤和生活的廊道型景观体验

4.道路绿化对发挥道路的环境生态功能起到积极作用

道路上的植物具有吸收和减低二氧化碳及化学污染，隔绝风沙、噪声、视线，防止行人穿越及交通事故发生等作用。沿道路绿地设置海绵设施，对接纳地表径流、滋润土地、改善大地水循环有积极作用。因此，城市道路景观设计应结合道路两侧及周边地带的绿化和水土保护，发挥道路的环境生态作用。

（二）道路景观构成要素的特点

道路景观构成要素的特点为界面连续性、体验可达性、里程分段性。

1.界面连续性

各种道路景观要素构成了路面、两侧界面，因道路的绵延而显示出界面连续性存在。道路开放和绵长的连续性空间，各种景观构成要素排列其中。对于此类要素的改造，应充分保持其空间完整性，形成连续的、能串联起各个街区的巨型城市景观。这样的空间连续性能将城市中不同功能的地区和建筑关联起来，形成一个完整的公众生活平台。

2.体验可达性

道路作为交通设施，担负着交通可达性需求，从景观体验方面强化可达性，包括人们的慢行可达与友好、观光的视线可达与美好、沿线的服务设施可达与便利。具体做法为景观视线通达，漫道步行友好、舒适，便民设施丰富、可达性强。沿线地域人文展示直观，增加了人们接触自然的机会。生态效益可达，可以缓解都市生活压力。

分段可达性设置可将公共空间延伸至城市的不同界面，与周边建筑、道路、广场、设施和街区等场所进行空间上的连接。例如，高线公园中设置了多个楼梯、坡道、电梯和天桥，将空中公园连接到城市中，通过提升公园的分段可达性，很好地与周边社区进行连接，带动了周边商业的发展，催化了社区效应，并将其影响力辐射至更远的地区。这样的分段可达性设置同时还便于居民使用。此外，线性空间的分段设置，由于尺度较小，能形成更加宜人的休闲场所。因此，沿着绿地或者滨水空间进行分段设置时，应区分不同的区域，根据区域对应的城市环境设置不同类型的活动场所。

3.里程分段性

道路空间通常路线较长，并与不同区块连接，受制于有限的沿线景观。道路景观需要分里程、分段落进行营造。针对道路沿线两侧的景观资源展开道路景观布局，可布置"锚点"设施。这样布局的目的，一方面可以对道路功能进行提升，另一方面可以丰富沿线的景观。此外，道路景观还需重视起点与终点区域的特殊作用，将其视为特别区段考虑。可在这些区域设置能开展各类活动的广场，以便于人群的聚集，起到首尾相互关联的作用。

（三）道路景观的设计原则和设计依据

1.设计原则

（1）可持续发展原则。道路景观设计应保证自然资源与生态环境、经济社会的发展相统一（特别强调对道路沿线生态资源、自然景观与人文景观的持续维护和利用），在空间和时间上规划人类的生活和生存空间，建设持续的、稳定的、前进的沿线景观资源。道路景观设计就是运用设计的手段，结合自然环境，对场地内的生态资源、自然景观及人文景观进行保护和利用，做到既有利于当代，又造福于后人。

（2）动态性原则。随着时代的发展和人类的进步，交通方式、步行及兼容活动需求的变化，导致道路景观也存在着一个不断更新演替的过程，具有较大的更新提质潜力。因此，在道路景观设计中应考虑景观的发展趋势。同时，道路景观空间大部分呈带状，为了满足人们的需求，应注意空间的层次感，做到移步异景，景随步移。

（3）地区性原则。我国地大物博，不同地区有其独特的地理位置和地貌特征、气候特征、植被特征等。不同地区的人们有其独特的审美理念、文化传统和风俗习惯。因此，在道路景观设计中，应考虑其地区特点，以形成不同地区特有的道路景观。

（4）整体性原则。城市景观是由各种景观元素共同构成的视觉艺术综合体。由于城市具有可达性的功能使用要求，所以各种景观元素都将与道路网产生直接的联系。各景观元素由道路网串联起来，因此形成了完整、和谐的整体景观。道路景观是城市景观的重要组成部分。在道路景观设计中，应统一考虑道路两侧的建筑物、绿化、街道设施、色彩、历史文化等，避免其成为片段的堆砌和拼凑。

（5）实用性原则。在道路景观的规划和设计中，首先要满足防灾减灾、隔离噪声、引导区域布局等功能要求，然后考虑如何体现其文化及商业方面的价值。不必将精力放在那些耗费大量人力、物力、财力的观赏景观塑造上，而应着重考虑对道路沿线景观资源、原有设施等的保护、利用与开发，使道路空间的人工景观与自然景观相协调，达到和谐、美观。

（6）可识别性原则。道路在某种程度上是一个区域的环境标签。在设计中，不同等级的道路或不同功能的道路需要有所区别，既要体现城市的地方特色，也要形成富有特色的街道空间，应合理利用现状地形，在尽可能减少工程量的前提下达到理想的视觉效果和环境效果。例如，深圳公明中心区交通岛是公明的西北门户，设计者以"来到公明请进门"作为设计理念，在大转盘中间设计岭南文化中独有的民居大门——"趟栊门"，其余部分全以植物造景，通过功能和景观的结合，将原来仅作为分流中心交通的环岛打造成一处特色门户景观。

（7）生态性原则。生态关系是指物种与物种之间的协调关系。生态性原则要求在各路段的绿化建设中要特别注重生态关系的体现。例如，植物要进行多层次配植，通过乔、灌、花、草的结合，对竖向空间进行分隔，体现植物群落的整体美。同时，植物配植在讲求层次美、季相美之外，也应起到最佳的滞尘、降温、增湿、净化空气、吸收噪声、美化环境等作用。

2. 设计依据

在道路景观设计的过程中，应对现有的区域设计、地形条件、交通需求等图文资料进行详细了解后，结合有关工程项目的科学原理和技术要求进行设计。设计者要了解人们的需求，并根据人们的活动规律、功能要求、文化审美要求等，构建交通方便、景色优美、环境卫生、情趣健康、体验舒适的道路空间，以满足人们游览、休息和开展健康娱乐活动的功能需求。

我国陆续颁布了一些与道路景观设计相关的设计规范和设计导则，主要有《公园设计规范》（GB 51192—2016）、《城市绿地设计规范（2016

年版）》（GB 50420—2007）、《城市道路绿化规划与设计规范》（CJJ 75—
2019）、《公路桥梁景观设计规范》（TJG/T 3360-03—2018）、《城市道路工
程设计规范（2016 年版）》（CJJ 37—2012）、《城市综合交通体系规划标准》
（CB/T 51328—2018）、《城市道路照明设计标准》（CJJ 45—2015）、《风景
园林基本术语标准》（CJJ/T 91—2017）等。各地的城市设计、道路设计指引、
道路设计技术导则等都属于道路景观设计的依据。

（四）道路景观更新提质的趋势

1. 从"重视通行"向"全面关注人的生活"转变

道路作为行车、行人的空间，上升到人居环境景观的范畴，其功能已
经大大超越了交通通道的范畴。我国既往对道路与区域景观整体营造的理
念了解不充分，存在交通性、景观性脱节的情况，道路建设缺乏人本意识，
对于路人和沿线居民的体验诉求重视不足；简单地套用设计，在设计理念
上对道路景观的作用不够重视，对区域的人文特点及历史环境考虑不周全，
与区域的整体风貌衔接欠缺，对街道连续性考虑不够。"以人为本"概念的
提出，要求道路景观设计转变为一种人性化的创新设计方式。在道路景观
更新提质中，应将注意力集中在人的生产和生活需要上，体现道路的人性
化设置，从"重视通行"向"全面关注人的生活"转变。

"五感"是人感知外界环境、获取信息的重要途径，其中视觉感知因素
占比最大。因此，对道路体验的舒适性存在"视觉第一"的原则。廊道环
境体验的好坏直接由使用者反馈，其更新提质的成果也是通过人的活动及
感受得以确认的。使用者的舒适感是高质量更新提质的标志之一。舒适感
是由人的感知所生，受环境中各种因素及条件的影响。道路作为公共空间
的廊道，需要从最大公约数出发，具体筹划廊道系统的舒适性，确定舒适
性尺度。

2. 从"道路红线"向"沿线空间"转变

在新发展理念下，为了使道路更加符合高质量要求，进一步提升道路
的完整价值，就必须依据整体景观空间协调，不拘于道路用地红线开展更
新提质。道路景观更新提质要充分发挥道路的各种潜力，包括对沿线的辐

163

射影响力。

为了实现道路效益的最大化，服务于人的体验感受是综合的，道路舒适感的输出方式也是综合的，要求道路景观更新提质面对空间整体、要素系统、地域文化，甚至管理维护等都需要高质量筹划，这是道路输出满意体验的途径。

道路景观更新提质在解决交通功能、服务通行后，需要提升人们的日常生活体验，采用从"道路红线"向"沿线空间"转变方式，以景观提升沿线风貌，推进自然生态、历史文化的保护与展示。总体来说，道路景观更新提质需跳出"道路红线"，综合考虑"沿线空间"，让道路与沿线空间发挥最大的景观效益。

3. 从"强调交通功能"向"交旅、商业、文化价值融合"转变

以前评判道路系统，主要看交通功能，这只是道路存在的初始意义。人居环境的道路除了承载交通，还承载着居民的日常生活，是典型的公共服务、生活、交往空间并存的空间形态。因此，在以人为本的时代倡导下，应同时关注人民生活和交流的方式。在高质量发展理念的要求下，道路景观的更新提质需要基于自身环境条件，协调生活、生态、生产、文化、公共服务、社会交往、基础设施等多项功能需求。

早期的城乡道路注重交通运输价值，忽略沿线的生态价值、历史人文价值等众多有发展潜力的资源。因此，在高质量发展要求下，道路景观更新提质需要同时注重强化生态和文脉保护，活化利用沿线资源，为区域发展服务。例如，珠三角地区的南粤古驿道注重对沿线历史文化的挖掘，注重生态资源与人行需求的协同发展。打造"廊道 +"空间，将古驿道与生产、旅游、生态、文化等结合，提升沿线环境风貌，盘活沿线服务功能，改善生态环境，建设慢行路径等休闲功能，为沿线区域的多方面改善提供机会。

因此，有效识别道路及所处地区的资源价值和构成要素，在现有基础上全面考虑各项功能需求，挖掘发展潜力，是新时代道路景观更新提质的新要求。道路景观更新提质需要从"强调交通功能"向"交旅、商业、文化价值融合"转变。

4.从"工程性设计"向"整体空间环境设计"转变

道路是城市里数量最多、使用频率最高的公共空间。目前的设计规范标准大都是从工程角度做出规定，导致在设计中过于强调道路的工程属性，而对整体景观和空间环境考虑得较少，这些情况极大地影响了整体呈现，以及道路景观高质量更新提质。既往的道路规划建设存在五大问题：①社会诉求多样，更新提质需要协调共识；②管理范围与空间权属差异，空间边界需要实效衔接；③专业技术交叉多，专业技术标准需要协调；④建设投入不同步，更新提质实施需要整体呈现；⑤精细化提质，需要不同专业的协同更新。因此，寻找道路规划建设的共同规律和逻辑，达成技术共识，促成规、建、管、用多方的最佳合力，是道路景观高质量更新提质的基础。道路景观更新提质需要从"工程性设计"向"整体空间环境设计"转变。

道路景观的更新提质要与使用者的舒适要求相匹配。具体表现为区段职能设定与环境特征相匹配，要素布置与使用功能相匹配，空间尺度与活动需求相匹配，设施材质与体验感知相匹配，建造与维护运营操作相匹配，特质形态与场地精神相匹配。道路景观更新提质涉及的视觉元素可以用区域、边界、路径、标志和节点等视觉感知形态划分，通过对形态、材质、色彩和体量等组合的感知，形成直观的愉悦体验。

二、河道景观的更新提质

（一）河道景观设计构成要素

随着人们对美好生活的向往，对河道景观提出了新的要求，使滨水空间呈现出功能复合化的趋势，河道景观的构成要素随之变得多样化。不同于城市公共空间的景观设计，河道景观是绿地与水域共同组成的生态带、共生带，不但要满足市民的公共活动需求，还要考虑河道水生态系统的构建、保障水陆动植物的繁衍栖息（图3.5.3）。其要素由水、陆两大系统构成，可分为自然与人工两种系统。由于河道空间深刻地影响人们的活动方式，其景观设计宜围绕水体、岸线、路径、设施、安全等要素出发（图3.5.4）。

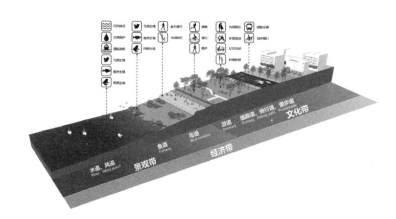

图3.5.3　河道空间由多个带状空间组合而成

图3.5.4　自然的力量左右河道景观

1. 优质水体

河道水体是一个完整的生态系统，水体是河道的灵魂。根据河道的不同地段、不同季节，其水体可分为静水、流水两种类型。静水一般是指水流较缓或完全无流动，呈片状汇集；流水一般是指水体有一定程度的流动性，肉眼可见流动明显。静水和流水主要与水体所处环境的地形、季节等因素有关。分辨其动与静，是决定河道景观系统的主要问题之一。优质的河道水体是生态可持续的基础，能触动人们的视觉、听觉、嗅觉等多重感受，能引起人们的心理共鸣。

2. 景观岸线

景观岸线是指河道水体与陆地交界处的岸边地带，是大面积软质景观与硬质景观的形态界面，并具有一定的生态及抗洪涝作用。景观岸线是河道空间的构成要素之一，按材质构造可分为硬质岸线和自然生态岸线两种。

硬质岸线以人工为主，结合河道的水流和地形。硬质岸线营造需遵循力学原则，以及材料建造工艺的要求，进一步结合绿化植物形成岸线，如钢筋石笼驳岸、浆砌石驳岸、混凝土驳岸等（图 3.5.5）。自然生态岸线多为自然形成，陆域自然的土壤、沙石与河流的作用共同构造了自然驳岸，如自然草坡入水驳岸、自然灌木（红树林）驳岸等。

图3.5.5　驳岸景观是岸线的重要组成部分

3. 路径系统

路径系统是河道滨水区域的沿线交通和衔接外部交通的道路网络，主要分为车行道、人行道、慢行道及混合型通道等，是人们开展各种活动的重要纽带，连接着区域内多种景观空间。

慢行系统应着重考虑对外交通和对内交通的关系。对外，路网的设计应该考虑与市政道路、建筑实体、周边空间环境的协调和衔接。道路沿河道延伸，具有引导性功能。视野开阔是河道景观的典型优势，需要利用好这一优势。河道景观设计中的慢行系统应注重人们的亲水需求，合理布局滨水的公共场所、码头、亲水平台、驿站等，充分利用滨水道路的景观作用，创造亲水、安全、宜居的河道景观（图 3.5.6）。

图3.5.6　亲水是景观岸线的特色

4.设施要素

（1）生态绿化。河道的生态绿化是城市生态建设的基础。河道中的水生植物、河边的亲水植物与岸上的乔木、灌木等植物同等重要。

河道景观的生态绿化不只是单纯的植被覆绿和景观绿化，更具有综合的功能。

①在保留原生植物、植被、水体等自然肌理的基础上，补充或修复植被，构建河道生态保护的自然屏障，具有改善环境、美化环境的功能。

②生态绿化设计应考虑因地制宜，以本地乡土植物为主、特色植物为辅，进行植物配置，减少外来物种对本地生态系统的破坏。

③结合河道内外人群的使用需求进行设计，营造不同的景观，做到景为人用。

④河道景观中的绿化设计是空间营造的重要依托，应注重植物季相的变化，尽量做到四季有绿、四季有花，丰富河道景观的观赏性。

（2）滨水建筑。从广义上讲，滨水建筑主要是指位于滨水区的建筑。滨水区是水域（江、河、湖、海、泉、溪、瀑布等水体）与陆域相接壤、具有一定宽度范围的区域。而位于滨水区的建筑，广义上将其称为滨水建筑。河道景观设计中的滨水建筑多为服务性建筑，如管理用房、公共服务接待中心、公共卫生间、驿站、公益性便利店、运动场等，以满足市民的游憩需求。

（3）桥与栈道。园林中常用桥或栈道来联系隔水相望的两岸和组织水面的景观，形式多样，也常常是河道景观要素之一，主要有曲直变化的栈道、踏步桥（汀步）、平桥、拱桥、曲桥、亭桥及廊桥等。桥与栈道在河道景观中的作用可以概述为以下三个方面。

①实用功能：桥与栈道可以联系水陆交通，承载游览路线，又可供人停留观景。

②景观功能：桥与栈道可以体现造园艺术和园林景观的价值，主要在点睛、隔景与障景、引导交通游线，以及串联景观节点、组织园林空间等方面起作用。

③意境功能：桥与栈道促成了游人从此岸到彼岸的畅快通达，提供无限的意境。许多桥与有趣的传说等联系在一起。例如，杭州西湖的断桥、颐和园昆明湖的十七孔桥等都有迷人的故事，因美妙的意境而驰名中外。

（4）休憩设施。休憩设施不仅局限于座椅、户外家具，也可以是常规的亭廊、框架、栅栏、灯柱、花坛等。例如，种植池、花坛、矮墙等结合地形的变化进行设计，为休憩设施的多元化提供更多的可能。

亭，作为我国古代传统建筑的重要形式之一，今天仍在园林工程中使用，常常与环境中的山水和植物结合，共同组成一个协调的景观。在河道景观设计中，设计师常常将亭作为点景或供游客休憩停留使用，充分发挥亭的点景作用，以及亭的文化内涵和艺术感染力。

5. 安全要素

安全是河道景观设计的重要内容，首先在河道行洪防洪安全、交通与应急安全的基础上，安排救生救援措施，保障人的活动安全。防护设施普遍指护栏，根据《公园设计规范》（GB 51192—2016）所述，防护设施泛指园林中能够起到安全防护作用的设施，其形式种类丰富，可以是栏杆、矮墙或花台、植物群等。

防护设施是肉眼能够直观看见的安全实体，在水流大、水位深、有安全隐患的岸边设置护栏，能够有效确保和满足游人亲水或观景的安全保障和心理需求。护栏的选择，应考虑当地的环境气候特点、文化特点、运营管理模式、亲水需求等，游人往往对河道景观游憩的亲水性较高，所以尽量避免实体墙体护栏，选择开敞度高的护栏有利于增强游客的亲水感受。例如：工程性河道，为保证防护的安全性，可考虑石材、仿木材料作为护栏；园区内的涉水区域，可考虑天然木材、不锈钢、玻璃、铁艺等材料作为护栏；常年降雨较大、天气恶劣的区域，考虑长期维护管养费用，不建议采用天然木材作为护栏。

在满足安全功能的同时，应赋予护栏文化内涵、艺术内涵，结合景观中的一些设施共同布置，形成丰富多变、多功能的防护界面，以最大限度地发挥它的功能和作用。

（二）河道景观的设计原则和水生态保护与修复原则

河道景观设计通常包括河道岸线的自然化设计、河道断面的亲水性设计、护岸工程的生态化设计、慢行系统的可达性设计、景观元素及配套设施的设计等。河道景观设计主要是在城市防洪排涝、保证水源的基础上开展的工作。

1. 河道景观的设计原则

从现有文献来看，河道景观设计具有众多原则，大部分集中在安全性、生态性、亲水性、人本性、地域性、文化性、经济性等方面，诉求比较广泛。结合国内城市河道景观建设中的问题，河道景观设计主要面对水环境、水安全、水生态的关系，为协调好河道与区域的发展关系，实现河道景观目标的最终体现，建议遵循和坚持以下基本原则。

（1）水环境治理原则。河道景观应保证水质达标、入河排污口整治、面源污染治理等方面基本达到地方要求标准。例如：水质应清澈、无异味，具有一定的流动性；入河排污口水质达标，排污口整体布局合理，对河道尚无影响；沿河应考虑生态植草沟、生态湿地塘等生态缓冲带净化处理，减少初期雨水等面源污染。

（2）水安全提升原则。河道景观设计应针对现存安全隐患，解决河道的水质安全、防洪安全；堤顶标高是否达到行洪安全标高，尽量使主要游览线路满足行洪安全等问题。在满足安全的前提下，河道堤岸以自然生态形式为主，尽量选择易于植物生长的多孔材料，也可以考虑通过地形塑造将岸线后退，扩大河道宽度，让河道视野更加开阔。

（3）河道畅通原则。河道本身的畅通是河道安全的基础条件之一，应保障通行畅通、运输畅通、应急畅通。河道上游若存在水库等大型蓄水设施，主要游览线路应适度考虑提高等级，满足防汛应急使用，同时兼顾景观打造及亲水使用要求。

（4）景观特色营造原则。河道景观设计应遵循生态规律，营造特色生态景观，从水系、植物及动物等生态本底方面统筹考虑。通过设置尾水湿地、湿地植物群落构建、水鸟栖息科普展示区，营造科普教育、湿地体验的生态空间。以河道生态为本底，以使用者需求为向导，串联文化遗址，新建功能设施，加强蓝绿联动，赋予河道多重功能。

2. 水生态保护与修复原则

（1）水生态保护原则。

①河道水资源和自然形态保护：河道景观设计应遵循保障水质前提下进行二次开发利用的原则，严禁园区开展不利于水质维护的公共活动，如垂钓、野炊等。河道岸线应该符合城市所属河段的防洪标准、排涝标准、灌溉标准、航运标准等，协调好各项关系，注重自然生态，减少人工痕迹，避免裁弯取直、改变河道自然岸线形态，达到"虽由人作，宛自天开"的效果。河道岸线应遵循自然河道流动规律，适度保留一定的弯道、自然滩涂、湖心湿地等多类型的自然景观，突出自然属性，充分保护好其生态环境条件。

②重要自然生态区段保护：重要自然生态区段的河道景观设计应从水环境综合治理角度出发，以自然生态环境为重，减少人工干预，加强对生态薄弱区域的保护或修复，增强重要保护区的保护能力。

（2）水生态修复原则。

①河道形态修复：河道景观设计在符合国家相关规范要求的前提下，沿岸陆地和水下生境保护和修复应从材料的自然性、结构的软质化、岸线

的自然形态三个方面进行生态护岸设计。修复宜采用自然属性较强的材料，如块石、石笼、生态混凝土、植草砌块等材料，利于水体渗透、植物生长、动物迁徙、水生动物栖息；宜采用生态系统稳定的斜坡式结构，为水体、土体、生态三者提供良好的交互涵养基础，构建适宜的生物栖息护岸环境；宜采用顺应自然的岸线形式，减少人工干预，应保持一定的蜿蜒曲折，并维持和恢复自然形成的滩涂湿地或岛屿，为鸟类等提供栖息繁衍的场所。

②水系连通修复：河道景观设计应该考虑水系连通，通过自然连通、人工连通的方式打通断头河、盖板河，提升城市水网的连通性，保障市民的亲水需求。

③护岸生态修复：河道景观设计中涉及新建或保留原有直立式硬质驳岸，应在保障水安全的前提下，根据本地的特点进行生态化处理，沿岸的植物配置决定了水陆的生态环境衔接，是护岸生态修复的重点之一。如表面覆绿、材质生态化，打造城市生态河道岸线。

（三）河道景观建设要点

1. 体现绿水青山的生态价值

河道景观建设应建立在城市生态平衡的基础上，进行景观颜值赋予，引导河道景观建设顺应现状并保护现状，注重河道流经区域的山、水、林、田、湖、草、城的生态价值。提倡以自然为美，强化自然河流生态本底的保护，将自然山水通过城市河道建设融入城市绿地，以高颜值、高品质全面彰显公园城市背景下的城市河道生态功能。

2. 体现诗意栖居的美学价值

河道景观建设应坚持以"美学角度"为游客体验感受"终点"，在工程本身的基础上，融入自然科学、人文科学、工程科学等，运用艺术的表现手法，将河道景观变成一幅和谐自然的城市新画卷，打造具有景观美学价值的新时代城市形象。

3. 体现以文化人的人文价值

河道景观建设应充分发掘当地的历史文化资源，构建河道景观空间，并以公园景观元素为载体，推动区域文化的传承，强化古今文化的双重结

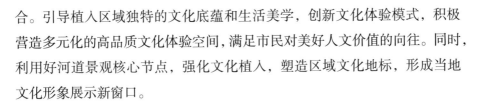

合。引导植入区域独特的文化底蕴和生活美学，创新文化体验模式，积极营造多元化的高品质文化体验空间，满足市民对美好人文价值的向往。同时，利用好河道景观核心节点，强化文化植入，塑造区域文化地标，形成当地文化形象展示新窗口。

4. 体现绿色低碳的经济价值

河道景观建设应从绿色低碳的经济视角出发，注重经济实用型设计，充分考虑场地的地势、地形和地貌等，以"因地制宜，减少土方，原生树种就地保护"的原则进行建设。充分体现自然生态之美，将"绿色低碳、经济实用、可持续"的经济价值观融入建设当中，打造绿色低碳、经济可持续的河道景观。

5. 体现美好生活的社会价值

河道景观建设应遵循"功能实用，简约健康"的原则，构建分级分功能的便捷慢行系统，布置合理的公共游憩服务设施，营造绿量饱和、绿视度高的植物空间，全面提升游客的出行体验。以"生产高效、美丽宜居、和谐共生"为建设原则，从优质水体、景观岸线、慢行系统及景观要素等方面，营造碧水蓝天、岸线自然、园区畅达、绿树成荫的大美城市形态，实现"让生活更美好"的愿景。

6. 建设亲水共享慢行系统

河道景观建设应在满足基本园路分级的情况下，在现有主游览路的基础上，堤顶路到常水位之间局部段考虑设置亲水栈道等设施，保证亲水性。对码头等短期内难以拆迁的滨水构筑物，应采取灵活处理的方式，保证慢行系统贯通。例如，设置架空栈道、空中栈桥，借助现有建筑厂区内的道路，保证河道慢行系统的贯通。

7. 合理营造景观特色节点

河道景观建设应充分利用河道线性空间特点，通过两侧一定宽度的公园绿地及河道中的滩涂、湖心岛等资源，营造景观特色节点，满足市民亲近自然、休憩观赏等需求。同时，河道景观建设不应对河道的行洪安全、维护管理等构成威胁或阻碍。

（1）因地制宜布置亲水场所：河道景观建设应充分因地制宜，结合场地自然肌理，利用好河道大面积的滩涂、沙滩、湖心岛等空间，设置天然沙滩浴场、生态观鸟岛、湿地水湾等公共休息场所，丰富园区活动场所类型，满足市民亲水需要。

（2）合理配套公共服务设施：河道景观建设应充分以人的使用需求出发，结合周边居住用地、商业用地、交通条件和使用人群特点，合理设置公园设施，如功能性照明、垃圾桶、座椅、标示牌、互动小品、码头、厕所、驿站、救生及应急救援等公共服务设施或构筑物。驿站、码头、救生及应急救援等设施，应同步结合文化、休闲、餐饮和游览服务等功能，激发城市活力，满足市民和游客的观赏、休憩及体验需求。

（四）河道景观更新提质的设计方法

河道景观更新提质通常包括河道水质提升与断面优化、河道水利安全、沿线生态环境改善、岸线优化与亲水性提升、慢行系统的可达性改造、景观元素的协调等。河道景观设计应在城市防洪排涝、保证水源安全的基础上开展工作。

1.河道水质提升与断面优化

河道景观更新提质是一个生态系统建设的过程，河道水质是河道生态系统的核心。河道的水体流动、行洪状况决定了河道的水质，决定了河道的断面结构，决定了河道的生态面貌。提升河道的生态系统服务能力，需要修复河道关键的生态结构，河道景观更新提质需要进行河道断面优化。河道的断面优化有利于水体的适当流动，增加水体自然净化的能力；有利于景观和防洪排涝通道的畅通；有利于鱼类活动及水鸟栖息。

2.河道水利安全

河道景观更新提质应以水利安全为主、景观营造提升为辅的原则，对河道断面进行适度的调整和优化，主要有以下三点。

（1）对河道断面进行分级设计，避免一坡到底，堤顶路至常水位区域适度考虑能被洪水淹没的栈道、台地或湿地。

（2）河道断面已经到极限坡度（直立式驳岸）时，应注重断面侧立面的景观装饰效果，如外立面仿自然、设置种植槽、表面覆绿等。

（3）避免河道断面过于单一，适度考虑一些外挑空间，保证游人停留、观景、亲水需求。

3. 沿线生态环境改善

河道的生态环境提升，对沿线的生态环境改善有着巨大的带动作用。

（1）有利于鱼类活动，为鱼类、底栖动物等水生生物提供自然生态环境，恢复鱼类洄游生态圈。由于大坝的阻隔，河流被分割成不同的片段，河道片段的破碎化导致鱼类种群间不能进行基因交流，遗传多样性降低，种群灭绝的概率逐渐增加。

（2）形成河漫滩、江心洲和滩涂林地等区域，为水鸟提供觅食地和栖息地，补充优化河道生态系统。

（3）可因地制宜地建设雨水花园、植草沟、湿地公园等各类雨水滞留设施，强化河道对沿线的海绵作用。

4. 岸线优化与亲水性提升

传统的城市河道水利工程，主要解决城市防洪排涝问题，岸线多呈现裁弯取直、线条单一、对称度较高、宽度均衡的特点。其短期性地解决了防洪排涝问题，但缺乏亲水性，损害了河道景观的美学价值，与人居环境的生活品质提高背道而驰。岸线优化可以从以下四点进行设计。

（1）河道岸线应在现状河道岸线的基础上，结合城市规划规定的防洪标准，保护河流自然形态，管控河流周边缓冲区建设，实施堤岸生态化改造和堤防两侧建设生态缓冲林带，优化岸边带自然生态环境，因地制宜及顺应自然河道的天然肌理进行二次设计。

（2）河道岸线空间充足区域，适度考虑一些湾、洲、岛的空间变化设计，丰富河道岸线的亲水空间；设立岸线休闲观光风情带，将普通的岸线变成人们休憩的"水厅堂"。

（3）河道岸线应尊重科学规律，合理设计构建风廊，避免河道两侧岸线"过宽"或"过窄"的情况出现，让河面上的风降低空气污染、缓解城市热岛效应。

（4）河道岸线在保持原有状态和自然风貌的基础上，充分与城市蓝线、绿线规划做好衔接，避免与城市发展之间的冲突。

5.慢行系统的可达性改造

河道沿岸的慢行系统是指提供慢行交通方式的路径和场地设施，即提供步行、骑行等的河岸通行软硬件设施。河道慢行系统的可达性要保证"水通、岸通、绿通"的要求，引导游人慢行穿梭于河道景观系统中。可达性改造主要是指排除河道沿线两侧阻塞，搭建两岸及水面的慢行通道系统，有效发挥慢行通道的串联作用，串联河道的景观节点；有意识地疏通景观视线、视廊，全面发挥河道的景观空间效果，使河道形成整体性的景观序列。

6.景观元素的协调

（1）河道植物配置提质：充分发挥本地乡土植物的优势，在满足景观绿化的基础上，做到以乡土植物为主、特色植物为辅，提高生态绿化效能和生态价值，节省运营维护成本。

①现状植物的保护和利用：河道景观设计范围内的古树名木、珍稀植物应实施就地保护。对存在病害的树种应进行防治或局部更换，根据植物种植间距，适度对密植植物进行调整，让视野更加开阔。

②完善植物系统：植物配置和生态绿化效果应注重近远结合，常绿树种和落叶树种合理搭配，避免为呈现效果而过于浪费苗木树种，以期从效果上和经济上达到更好的平衡。植物种植应避免过于单一，适度从植物群落构建、树种栽植方式及林草交接处理等方面进行合理配置，同时预留管养通道，以便于后期维护。

③增加地域特色和植物多样性：河道生态绿化植物应适度考虑城市传统文化树种，有条件的区域可通过艺术处理植物种植，达到植物和美学的自然融合。以四季植物为景，通过植物生长季相特点，筛选出四季均有一定特质的树种，做到植物主题突出，四季有花、四季见绿，全年可观的城市河道景观。

（2）滨水建筑设施提质：河道景观滨水建筑设计应符合当地的总体风貌特征，着重从规模、风格、色彩、材质、细节、环境品质等方面体现方案主题特色或地域文化。同时，还应遵循以下三个基本原则。

①亲水性原则：河道两侧建筑应加强与水域空间的联系，适度预留一定的空间。

②多样性原则：河道流经区域，应结合方案主题分片区设计，凸显多样性，避免千篇一律；结合当地河道景观方案主题，灵活运用新材料、新工艺，做好河道景观构筑物设计。

③安全性原则：建筑设计应充分对现状进行准确调研，确定其与河道的关系，避免后续施工及建成后的安全问题。

三、绿道景观设计

绿道景观设计的概念源自 20 世纪 70 年代的欧美国家，通常是沿着自然廊道和人工廊道，将城市与乡村、自然保护区、风景名胜区、历史古迹等连接起来，形成具有连续性和整体性的绿色网络。

（一）绿道的构成

绿道由重要节点和不同类型构成，绿道的结构反映了绿道的主要布局形式和节点分布。绿道的布局主要有分支型、车轮型、卫星型、网络型、交错型等，这些布局连接城市中的重要节点，形成一个完整的城市绿道生态网络。其中，重要节点一般包括社区中心绿地、社区周边商业区、学校、城市公园、城市中心区、办公区，甚至城市郊区的自然风景地等，这些节点可以是社区内部的城市绿地节点，也可以是通向城市中心区的大型节点。这些大大小小的节点都有一个共同的特征，即人们经常使用的空间。这使城市绿道的线路规划更有意义，使用效率更高。

1.游憩路径

游憩路径是城市绿道中主要使用的空间，它包括步行游览路径、自行车和轮滑路径等，是城市绿道中承担游憩及交通功能的载体（图 3.5.7）。根据人们出行方式的不同，游憩路径也有不同的分类。

（1）步行游径。步行游径的使用者包括散步者、慢跑者、坐轮椅者、郊游者等，他们一般都是沿着绿道的路径悠闲漫步，行走速度为 1～8 公里/小时。

（2）自行车游径。交通工具主要包括自行车、轮滑鞋、滑板等，移动速度不相同，速度一般为 8～30 公里/小时。自行车游径又分为单向单行道、单向双行道和双向双行道三种。

（a）休憩路径是绿道的价值之一

（b）绿道沿线设施的利用丰富景观体验

图3.5.7　作为游憩路径的绿道

(c) 绿道松弛的行走体验　　　　(d) 设施配置改善绿道景观

(e) 绿道自由的休憩体验　　　　(f) 配套支撑绿道的游赏

图3.5.7　作为游憩路径的绿道（续）

2. 绿道植物

　　绿道的概念凸显一个"绿"字，即依靠沿线的绿色景观，因此植物配置设计自然成为绿道设计的重头。绿道植物支撑沿线生态环境，美化绿道景观，为绿道中的行人营造特别的活动氛围，以廊道状、带状的形态引导行人游赏。绿道的"绿"也是生态作用的体现，利用植被调节微气候、滤尘减噪、增强沿线海绵效益是绿道自身的基本要求。绿道植物配置设计需要研究沿线区域的生态及风貌，根据细分路段加以配合协调。以绿道景观的活力与趣味性，打造引人入胜的体验。

　　绿道作为区域整体生态网络的一部分，发挥着生态廊道的功能。在生态敏感地段，还需考虑为动物迁徙、停留设置必要的节点，为当地的野生鸟类觅食、筑巢配置设施，甚至为蛙类和鱼类的繁殖、迁徙提供帮助。

　　绿道作为典型的线性空间，具有明确的导向性。在设计中，需要塑造

与一般道路不同的廊道空间，采用开阔沿线视野的方法，高低错落配置景观植被，减弱绿道自身的单调感。这对丰富绿道景观、增加人们在其中的活动兴致非常重要。

3.交通节点

绿道建设，尤其是城市绿道建设，与城市交通系统紧密相关。交通系统对城市绿道的影响，主要体现在城市绿道的易达性及交通便捷度方面，其主要构成要素包括地理位置、绿道内部交通情况、对外交通情况、道路交叉点、绿道和城市交通道路的关系等。

城市绿道面临的主要问题，即绿道与交通道路交会的问题。城市绿道建设的预期成果之一是为城市提供一套完整的、不受机动车干扰的非机动车交通系统，因此如何处理好绿道与交通道路的交会问题便成为城市绿道设计的要务之一。城市绿道与城市交通道路的交会处，即整个绿道系统中的交通节点。这些交通节点是城市绿道系统的重要组成部分，涉及绿道出入口与城市交通道路、交会处地段之间的关系等问题，是城市绿道设计中的重要因素。

4.公共设施

绿道的公共设施主要包括绿道驿站、停车场、标识、桥梁、给排水系统、游径上的道路条纹、解说牌、景观美化设施、休息设施，以及小卖部、书报亭、电话亭、公厕等，应根据公共设施的具体设计规范进行布置。

（二）绿道的功能

城市绿道作为绿道生态网络的一个分支，是区域生态基础设施系统的重要组成部分。因此，在规划时必须前瞻性地考虑区域生态基础设施建设，而绿道正是满足以上需求的最佳选择。在高密度的城市中，绿道是区域生态系统中不可或缺的一个重要部分，在修复生态环境、串联景观资源、补充游憩功能、提升交通效能、盘活沿线经济等方面发挥着重要作用。

1.修复生态环境

绿道在城市中最为重要的功能，体现在对城市生态环境的建立和保护，以及维护城市自然生态系统中生物多样性等方面。通过构建城市绿道生态网络，从而建立起较为完整的生物保护基础结构，降低自然系统破碎化给生物多样性带来的威胁。当今，自然生态系统的生物多样性主要面临两大威胁，即栖息地破坏、破碎并消失，以及生物物种濒临灭绝。生态系统的稳定性体现在野生动植物的数量和物种多样性上，而这取决于栖息地的多样性。在工业化的城市结构中，城市中的绿色空间成为野生动植物的避难所，保护着一些濒临消失的、罕见的珍稀物种。随着保护意识的提高，人们开始关注城市绿色空间。在人类参与度不那么高的城市区域内，还有少量的自然栖息地，这些自然区域为保护野生动植物的多样性提供了宝贵的空间。河流、水岸边缘、运河或池塘对野生动植物也有特殊的价值。一些大型工厂的废弃工业用地或荒地，已成为野生动植物的半自然栖息地。相较于传统的城市自然生态系统的生物多样性保护途径，其重点在于保护单一的生物栖息地或单一的生物物种，城市绿道生态网络的构建在生态学方面的意义更加立体和完整，不仅保护和修复城市中的生物栖息地，使生物物种得以在城市中生存并繁衍，而且可以引导城市扩张和人类社会开发远离重要的动植物栖息地，为生物的生存繁衍预留空间，是一种立足于现代、着眼于未来的空间战略。

城市绿道对区域生态环境的作用还表现在维持城市自然生态系统的生态服务功能方面。城市可以看作一个高度人工化的生态系统，单是其结构和功能，就与真正意义上的自然生态系统存在显著差异。随着对生态服务功能研究的深入和越来越多的事实证明，不仅需要对大面积的城市自然区域进行保护和修复，更重要的是将破碎分散的城市绿色空间节点和生态区域进行串联，修复被污染的区域，才能更好地维持城市自然生态系统的生态服务功能。

2. 串联景观资源

绿道是天然的景观和生态纽带。在景观生态学"斑块—廊道—基质"理论中，斑块、廊道和基质构成了土地景观空间利用的基本格局，为城市构建起点、线、网的城市自然生态网络，将破碎的自然系统重新连接、拼合，构建生态系统的连接性。城市绿道作为"绿色廊道"，自然首先具备廊道的连接属性，连接城市景观空间中各个城市绿地——斑块。为了减少景观的破碎性，城市绿道系统将城市中破碎、分散的城市绿地和湿地、森林、公园、植物园等连接起来，形成城市绿道网络，即"人—植物—动物"的良性自然生态网络，从而提高区域生物多样性，改善城市生态空间结构。人行道作为一个实质性连接载体，居民可以从家里直接步行去邻近或更远处的公园，也可以步行到市区。由于具有明确的目的地，以及沿途相关联的地标，因而这种步行路线具有吸引力。例如，美国丹佛市设置了一系列的行人空间，连接丹佛会议中心、拉里默广场历史文化区与其他旅游目的地，为城市增添活力。

3. 补充游憩功能

绿道作为慢行的户外空间，重点是服务于户外游憩，弥补城市游憩功能的欠缺。

工业化的现代城市环境充斥着形形色色的人工景观，与其僵硬的线条相比，自然景观的线条更为生动、柔和、亲切。绿道生态网络使自然景观得以保留，让居民可以更多地接触自然，感受自然景观的美好，从而爱上自然并自觉地保护自然。除了对自然景观的保护，绿道对历史文化景观的保护也是显而易见的。城市中一些具有线性特征的历史文化景观资源，如旧城墙、河道、历史老街、废弃铁路等，都可以通过绿道网络被整体保护起来，并更好地融入现代城市的肌理，以及居民的生活中，使这些历史文化景观保持活力。绿道可以重塑城市的景观格局，形成标志性空间，如伦敦的绿链、美国的波士顿公园体系及新加坡的公园连接道等，提升了城市景观的特色和魅力，以及城市的辨识度。

绿道满足了现代的休闲活动需求。绿道的建设，使步行者不受机动车的干扰，满足了人们日常散步、锻炼、骑自行车、轮滑、滑板等活动的需求。绿道提供了丰富的景观游憩类型，其高质量的自然环境或原生态的景观风貌，对居民有着强大的吸引力，从而激发居民更多样的游憩需求，如亲近自然、休闲放松、社交、健身、获取知识等。绿道的建设为城市居民构建了一个良好的城市环境，为居民提供了亲近自然的机会，使得生活在城市中的人们，拥有了一个更容易亲近和到达的、放松身心的绿色空间。此外，绿道将原本破碎或分离的城市自然斑块连接起来，提高了这些景观资源的可达性和利用效率，赋予了更多斑块景观资源所没有的利用方式和游憩机会。

4. 提升交通效能

绿道本身也是城市慢行道路系统的组成部分，具有交通出行的职能。在组织和承担市民出行的基础上，绿道的设计应根据市民出行的特点与消费要求，从以人为本的规划理念出发，将区域各项要素，如道路标识系统、公共服务设施、交通换乘地区的相关配套设施，以及与城市各功能区的通达性建设结合起来，使绿道的规划更具人性化、便利化和可行性等特点。依托城市绿道网络，可构建自行车绿色出行系统。城市绿道中的自行车道是园路系统的一部分，以自行车骑行为主，可以允许电瓶车或步行者共同使用。无论是假日休闲，还是与亲友一起短途旅行，或是到附近的商店，骑自行车都是避免交通拥堵、准时可靠、促进个体健康的积极的出行和生活方式。自行车绿色出行系统是景观良好、服务设施齐备并具有复合功能的城市基础设施。

绿道中的自行车道，需要满足公园设计规范中对于园路的相关设计要求。例如，在线形设计方面，应当与园内的地形、水体、植物、建筑物、场地铺装等结合，以便于展示连贯的园林景观空间，并形成良好的透景线，符合游人的行动规律。

5. 盘活沿线经济

作为区域道路和绿地系统的一部分，绿道建设也是盘活沿线经济的方法之一。绿道同样具有提供旅游服务获取直接经济效益，以及提升周边土地价值为城市带来间接经济效益的基本功能。但是绿道与以城市公园为代表的传统绿地，在具体的经济收益方式上还存在一定的差异。绿道通过整合沿线的旅游资源及休闲产业，可以提升旅游资源整体的质量，并打造更具影响力的旅游品牌。绿道具有良好的可达性，可以为相关的住宿、饮食和休闲服务产业带来更多的消费者。远郊绿道所提供的鸟类和鱼类观测等生态旅游服务，以及户外探险、自行车骑行服务等新型旅游产品，对城市居民更具吸引力，人们更愿意来此消费，体验这些能够获得知识或更加亲近自然的游憩项目。

（三）绿道景观设计原则

1. 生态化原则

绿道景观设计要充分并合理地利用原有的自然生态条件，如溪流河岸、线状绿地等。绿道不是单纯的廊道，而是经过有效连通而形成的多层次的生态廊道，形成了整个区域内的庞大生态网络系统。维护稳定的生态环境，保护区域内的原生态景观，给区域带来自然气息，注意避免过于明显的人工化痕迹。绿道的生态性体现在补充区域缺少的自然环境，增加动植物物种的多样性。绿道强调人与自然之间的相互作用，可以最大限度地满足人们渴望亲近自然的需求，人们在生态优美的环境中可以享受精神的放松和心灵的洗礼。一般来说，绿道拥有丰富的生态资源。在城市绿道中可以享受追赶蝴蝶、蜻蜓的乐趣，带领全家人一起回归自然、享受生活。

2. 地域化原则

城市文脉是长期发展过程中不断积累沉淀，以及自然地理风貌和历史文化要素互相作用的结果。历史文化所涵盖的社会意义，对于人们品质的铸造、素质的提升和品格的培养，具有不可忽视的影响和作用。绿道将成为构筑城市历史文化氛围的媒介和展示城市文脉的窗口，起到保护城市历史景观地带、凸显城市景观特色、营造文化氛围和展示城市文明风采的作用。

3. 多样化原则

绿道沿线的形式应是多种多样的。在绿道选线阶段，需要注意绿道资源应尽可能多地经过城市中的滨海岸线、江河水系、山地、公园、广场等，给人不同的体验感受，形成惊喜不断的绿道景观。在绿道中可以开展很多休闲活动，可以组织文化活动和体育赛事，鼓励人们踊跃参加；也可以开展散步、竞走、跑步、健身等体育项目，打造多样化的绿道，使人们身在其中，其乐无穷。

4. 人性化原则

绿道形成优美的景观路线，可以提供丰富的游憩体验，如步行、跑步、骑自行车、滑板、观光等，满足居民的游憩观赏需求是城市绿道景观设计的基本原则之一。绿道还应为使用者构建安全、健康的通行环境，促进人们之间的联系和交往。在人流较多的地区，为满足人们活动的需要，绿道应提供必要的设施，如亭廊、座椅、灯光等。在设计中应考虑绿道设施的服务半径，方便人们进入绿道；合理布置步行道和自行车道，增加绿道的使用率。人们在绿道中享受绿色生态空间，在绿色文明环境的作用下，人们的素质得到提高，同时也能缓解生活压力。公交汽车站与绿道的无缝连接，在细节中体现出绿道洋溢的人文关怀。

5.科学化原则

绿道建设必须依据各地区出台的绿道建设规范，但是也可以有创新精神。规范是具有科学性的，科学把握绿道建设的总体规划质量，必须坚持高标准、高起点的要求。科学、系统地规划城市绿道的走向，最大限度地利用可用资源。将独有的资源转化为旅游优势，是带动城市经济发展的有效途径。努力营造集优美环境、生态景观、可持续发展等特色于一体的绿道网络系统。城市绿道在未来将会成为最具吸引力、最雅致的休闲之地。

（四）绿道景观设计对策的研究

1.植物景观设计

植物景观按植物的高度、外观形态划分，主要有乔木、灌木、地被草花三大类别。乔木从树形上分为尖塔形、圆锥形、圆柱形、扁头形等，从生长习性上可分为常绿乔木和落叶乔木；灌木的分类与乔木大致相同，还有一些植物融合了小乔木与灌木二者的特点，如紫薇、垂丝海棠等；地被草花主要是指低矮的花草。当前，许多植物设计将群落简化为单一的林地、灌丛、草坪，如林地内没有灌木、草本，仅有单纯的乔木；灌丛内没有乔木、草本；草坪内没有乔木、灌丛，彼此之间几乎没有联系。而典型的植物群落应是具有乔木层、灌木层、草本层和层间植物的多层次结构，不同种类的植物占据各自合理的生态位。上层以浓荫大乔木保证绿道的连续性和统一性，选择几种不同冠型的乔木，在轮廓线上形成高低错落、起伏变化的良好景观效果。中下层充分利用植物的观赏特性，营造色彩、层次和空间丰富的植物景观，提升绿道的游赏乐趣，使绿道景观生动活泼起来。每隔 50 米左右保留透景线，降低绿道的封闭度，营造宜人的通行空间，为人们提供一个相对宁静、清新、富有生命力的自然环境。

2. 节点景观设计

（1）绿道的出入口。绿道的出入口就是离开机动车道，把人引入绿道的地方。绿道的出入口设计不同于公园、广场的出入口设计。公园、广场的出入口设计应是大气的、雄伟的、有一定规模的，而这些在绿道中是不需要的。绿道的出入口可以是拓宽的道路，也可以是一个标识示意。绿道出入口有欢迎游人进入和将机动车阻挡在外面的作用。

绿道出入口的设计，在风格上要与绿道的整体风格统一协调。出入口是给人留下第一印象的窗口，人们通过出入口感知绿道的整体风格、定位等。所以说，绿道的出入口虽然简单，但实际上承担着非常重要的角色。

需要处理好绿道的出入口与停车场、公交站点之间关系。停车场的容量可以直接影响出入口的规模大小、宽度等。公交系统要与绿道做到无缝衔接，因此应十分注意出入口与公交站点之间的关系。

（2）绿道场地。城市广场与绿道场地既存在着内在的联系，也有很大的区别。二者都是一定尺度的开敞空间，由山水、建筑、植物或景观小品等基本要素构成。一般来说，二者都可以为人们提供良好的户外活动空间，满足休闲、交往、娱乐的功能。二者的不同之处在于绿道场地的规模相对较小，在设计时要控制场地的规模，场地的位置要考虑绿道中的人群流动情况，可以设置在绿道的出入口处，起到疏散人群的作用，同时要注意场地与绿道整体风格的融合。

绿道场地的设计形式也是多样的。可以是简单空旷的草坪或树阵广场，可以在树荫下交流、谈心、下棋，或供游人休息，也可以是具有地域特色的文化场地，导入当地的历史文化。

（3）休闲节点。既然休憩功能是绿道的重要功能，那么休闲节点的设计自然成为绿道设计的关注点。

休闲节点应关注人流活动需求、配套设施内容、路段场地空间、节点形态尺度，以及与其他因素的协调要求等。例如，福建省福清市考虑到沿绿道已存在龙江公园、生态文化园，所以健身、游乐设施沿绿道均匀设置，在方便人们使用的同时，也提高了其利用率。节点与节点之间的距离要根据绿道的整体长度或沿线的其他景点而定，一般来说，每隔500米要有一个可以让人歇脚休息的地方。休闲节点的设计风格也要服从绿道的整体格调，可以考虑乡土文化元素及材料的应用。

（4）驿站。驿站作为绿道突出的配套节点，是绿道使用者途中休憩、交通换乘的主要场所。城市绿道驿站的建设应优先利用原有的设施，在满足使用功能的前提下，其建筑的形态风格应具有观赏特色。驿站的设计应以生态、环保为基本原则，实现其自净功能，减少对原始生态环境的破坏。

根据规模和服务范围，可以将驿站分为两级。一级驿站承担绿道管理、综合服务等功能，是绿道的管理和服务中心；二级驿站承担售卖、租赁、休憩、交通换乘等功能，是绿道服务次中心。一级驿站一般每隔8～15公里设置；二级驿站一般每隔5～10公里设置。一级驿站主要包括公共停车场、管理中心、游客服务中心、科普宣教设施、解说设施、展示设施、治安消防点、医疗急救点；二级驿站应包括出租车停靠点、公交车站、售卖点、休憩点、文体活动场地、自行车租赁点、安全防护设施、垃圾箱、公厕。

3. 慢行交通景观设计

城市绿道的慢行交通是指一套不受机动车干扰的非机动车系统，包括步行道、自行车道和综合慢行道。城市绿道穿过城市，与机动车道交会地段是整个绿道系统中的重要空间。对于交会地段的处理，涉及绿道的安全隐患问题，要采用合理科学的方法，尽量减少不必要的事故发生。这也是城市绿道慢行交通景观设计中的重点。

城市绿道与桥连接是指城市绿道的综合慢行道需要穿过河流上架起的桥，使桥与绿道融为一体，同时给步行者、骑行者和残疾人士提供方便舒适的交通。在宽度允许的条件下，要采用安全栏杆进行隔离，保障步行者与骑行者的安全，或是在地上明确标出自行车道，起到安全提示的作用。

城市绿道的断面设计是指自行车道与步行道之间的关系，主要可以分为以下两种类型。

（1）自行车道与步行道相邻。由于场地现状绿道宽度的限制，将两种道路相邻设置，既满足了慢行交通的基本功能，也解决了绿道土地的局限性。在绿道宽度允许的情况下，可以采用行道树或绿化隔离带作为安全隔离装置，同时也满足了自行车道与步行道分道使用的需求。

（2）自行车道与步行道分离。城市绿道的绿化缓冲区域较宽，或者绿道途经有高差且是台地的地方，可以将自行车道与步行道分离设置。在地势存在高差的地方，充分结合原有地形，可以减少土方量，也可有效降低对自然生态的破坏程度。

慢行系统需要考虑道路纵坡，沿线协调纵坡坡度，形成得当的步行、骑行体验；严禁设置在易发生滑坡、塌方、泥石流等地质灾害的不良地段。一般不得直接借道公路和城市道路，在借道路段必须设置减速带、警示标志和绿道连接线专用标志，同时必须设置绿道连接线与机动车道间的安全隔离设施，设置的优先次序为绿化隔离带、隔离墩、护栏、交通标线。

4.服务设施景观设计

绿道的服务设施主要包括管理设施、商业服务设施、游憩与健身设施、科普教育设施、安全保障设施、环境卫生设施及其他市政公用设施。其中，管理设施包括管理中心、游客服务中心、治安点等，商业服务设施包括自行车租赁点、售卖点、餐饮店等，游憩与健身设施包括游客中心、体育健身点、休憩点、医疗点等，科普教育设施包括展示设施、科普宣教设施、解说设施等，安全保障设施包括安全防护设施、治安消防点、医疗急救点等，环境卫生设施包括公共卫生间、垃圾箱、污水收集设施等，其他市政公用设施包括照明、通信、给水、排水、供电设施等。

公共卫生间是绿道中必要的环境卫生设施。其位置设计可以结合驿站、休闲节点，也可以根据人们活动的需求，服务半径一般为500米。需要注意的是，由于卫生间的气味原因，其位置应设置在下风口处，其风格应与绿道统一。

垃圾箱的用途是装纳人们不用的垃圾，其位置设计的标准是方便人们使用。在休闲节点、人流停留区域，以及绿道整个沿线都要设置垃圾箱，一般每隔 200 米设置一个。

亭廊、座椅等休息设施可以方便游人走累了停下来休息。亭廊一般设置在视野开阔的地方，除歇脚之外，还可以驻足观赏美丽的风景。座椅的数量要根据绿道服务的人流量而定，整个绿道线路都要设置座椅，距离一般间隔 200 米。

使用者的需求决定着服务设施的设置，服务设施会影响使用者的行为，二者之间是相互影响、相互作用的关系。在户外空间，如果出现满地都是垃圾的情况时，应考虑是不是设计中存在缺陷，才会出现这样的情况。在找不到适当的设计方法时，应努力揣摩使用者的心理活动，在设计中充分运用人性化设计，使人们对环境产生认同感，主动保护环境设施。

5. 标识系统设计

标识系统是指用于制作标识的指示牌，上面有文字、图案等内容，起到指明方向和警示的作用。绿道的标志系统包括指示标识、引导标识、解说标识、命名标识、警示标识五大类。

引导标识是通过特定区域的整体图示（地图、图标等），让行人了解目的地与现处位置之间的关系，引导标识以信息墙的形式体现，设置在绿道出入口或附近、驿站、道路交叉口。

第六节　焦点型景观的设计

一、焦点型景观的概念

焦点型景观是人居环境景观的组成部分，从空间视觉理解，焦点型景观是视线聚集的、向心的或辐射的点状几何形态。大尺度的焦点型景观称为景点，如埃菲尔铁塔、颐和园佛香阁、广州塔、黄鹤楼、西湖的三潭印月等；小尺度的焦点型景观则表现为景观构筑物，如亭子、廊架、雕塑、喷泉、花盆、景墙、孤植树木等（图 3.6.1—图 3.6.4）。

图3.6.1　典型的焦点型景观（巴黎埃菲尔铁塔）

图3.6.2　典型的焦点型景观（北京颐和园佛香阁）

图3.6.3　典型的焦点型景观（亭子）

图3.6.4　典型的焦点型景观（景观构筑物）

在西方古典主义设计中，经常使用雕塑、喷泉、花盆、日晷、方尖碑、廊架等作为景观的焦点，放置于空间的几何中心、道路的交会处、线性空间的终点及入口空间的两侧。中国传统园林中也以天坛、地坛、亭台、廊架、花盆、孤植树木等作为点景或对景。这些聚集视线和活动的空间手法，目的是给景观空间创造兴趣、活动、视线的焦点，以点睛之笔来避免景观空间的平泛。在现代景观中，公共艺术品、景观构筑物的概念和形式都大大丰富了焦点型景观，并且它们在景观中所处的位置也不再是古典几何式的，但是其创造景观焦点的作用仍然存在。

二、焦点型景观的设计

（一）谋划整体景观空间

焦点型景观是由景观元素与整体空间的关系决定的，需要对整体空间谋篇布置，使焦点型景观与环绕空间形成良好的互动配合，使人们在游赏活动中体验焦点型景观与景观整体的美与活力。

（二）定位焦点型景观的形态

外观形态是焦点型景观形成吸引力、聚焦人们注意力的基础。焦点型景观的形态定位是由景观空间体验需求、景观形态系统风格、周围环境特点及尺度、焦点型景观的辐射力要求等决定的。

（三）把握环绕空间的连接

与焦点型景观最贴近的是环绕空间，它是直接的背景和配套景观，设计时应注意二者的协调关系。

（四）优化焦点型景观的功能

供人们活动的使用功能、观赏功能或支撑生态活力的各种功能是景观的基本特征，焦点型景观的设计，需要对其功能进行明确的安排。例如：亭子的功能是满足人们的休憩需要，其本身也是景观，身处其中向外可以观景，向内可以与人群交流互动、活动；景观雕塑作为焦点型景观，大多数为实体，体量大到一定程度，雕塑的内部就可以具有其他功能，如三亚南海观音、美国自由女神像等。

（五）配置和辅助设施

焦点型景观不是单独存在的，不同的焦点型景观有各自的配套和辅助设施。例如，亭子需要开阔的空间视野，海神雕塑需要水和喷泉，夜景需要灯光，等等。完美的焦点型景观，其配置和辅助设施的设计也是周全的。

（六）注重焦点型景观的细节

空间上由远及近的不同观赏距离，决定了焦点型景观的观赏性，在设计时需要把握好细节。如果焦点型景观需要容纳人的活动，设计细节就不仅是满足视觉需要了。由于焦点型景观往往以特别的形态出现，因此在用料、工艺上需要考究。

三、作为地标的焦点型景观

作为地标的焦点型景观，一般尺度较大、影响范围较广，具有地域代表性。因此，作为地标的焦点型景观通常为建筑物或大型的构筑物，也有雕塑、大型树木、大尺度石头和地貌等形式。例如，天坛、地坛、黄鹤楼、滕王阁、广州塔、五羊雕塑，以及巴黎的埃菲尔铁塔、凯旋门和华盛顿的方尖碑等。作为地标的焦点型景观包括两个部分：首先是"地标"，处于区域特殊的地区或地段内，作为一个地区范围内的视觉标志物。其形象具有突出的代表性，可识别性强，能够表达一定的地方文化特征，暗示某种地域精神，有一定的象征性、标志性意义。其次是"景观建筑"，是指区域空间中具有造景功能，能供人们观赏、游览与活动的各类建筑物。

作为地标的焦点型景观具有覆盖区域的独特性、反映地域的文化性、反映历史的时代性、服务民众的公共性。作为地标的焦点型景观在区域空间中地位独特，它反映了一个地方的形象和市民的认同感。

四、作为公共艺术的焦点型景观

（一）公共艺术的功能

一般来说，具备公共性的艺术才称为公共艺术，景观中突出的艺术形式能够形成巨大的空间与视线张力，因此这些艺术形态大多成为焦点型景观，如雕塑、壁画、纪念碑、艺术装置等，甚至可以包括艺术感突出的公共设施、亭廊、路径、桥梁、水景与喷泉、绿植花坛等。总之，人居环境中艺术形态突出、艺术作用强烈、艺术表达明显的景观元素，可以作为公共艺术看待。

公共艺术作为景观元素的文化现象，能够营造良好的人文氛围，满足人们的审美需求，增强景观与人们之间的互动，激发特别的情感，为人们在景观中的活动注入心灵动力，展现景观环境的多方面魅力。

1. 表达景观空间文化内涵

公共艺术代表地域文化和艺术特点，赋予环境以文化内涵，可以增强景观形象和吸引力。从历史发展的角度来看，公共艺术是环境发展的见证与缩影，彰显了环境演变过程的内涵与气质，唤醒人们对场所精神的深思。例如：广州越秀山的五羊雕塑，作为焦点型景观叙述着羊城的传说；海珠广场的广州解放纪念像则反映了广州的历史；西安的"关中八大怪"组雕，在材料选择、工艺表现、主题内涵上，都彰显了当地的特色文化，囊括了衣食住行等内容。

2. 提升景观空间艺术品位

公共艺术作为景观空间表达的重要手段和方式，能够提升景观空间艺术品位，增加艺术气息，为常态的、"坚硬"的环境增添一份"柔软"的活力。公共艺术能够突破传统单一环境的束缚，增强城市环境的趣味性，给人们以美的享受，满足人们精神层面的需求。高质量的公共艺术能够为人们提供释放压力的空间，愉悦人们的精神生活，丰富城市广场、街道、公园的功能，提升生活质量。

（二）公共艺术在景观空间的应用原则

景观空间中的公共艺术应用需要坚持美感原则、互动原则、特色原则，重塑景观环境形象，建造更加优美、特别的景观。

1. 美感原则

公共艺术发挥着十分重要的审美作用，与景观空间整体特点相契合，可以丰富景观空间结构，充实美感体验，给人整体协调的审美感受，营造优美的景观。

2. 互动原则

公共艺术在景观空间中的应用要坚持互动原则，与人们的活动实现深度融合。扩大受众范围，激发人们的参与性，提升作品的亲民性，满足人们日常行为和精神上的需求，获得与众不同的体验。艺术与公众的互动，可以发挥公共艺术的传播、宣传作用。

3. 特色原则

景观中应选择多样性的公共艺术方式，围绕人们的精神活动需求，通过具象的、叙事性的形式，或抽象的、非叙事性的形式，营造特别的景观，让多样的公共艺术落地，丰富景观空间内容。

五、常见的焦点型景观

（一）景观雕塑

雕塑或雕刻艺术是视觉艺术的载体之一，其以独特的形态存在于景观中，并发挥积极作用。景观中的雕塑各式各样，从材质的角度来看，有金属、石头、木材，以及植物花卉等。雕塑的视觉特性使其自然而然地成为焦点型景观。从造型的角度来看，景观雕塑分为圆雕、浮雕、群雕。从内容题材的角度来看，景观雕塑分为主题雕塑、装饰性雕塑。景观雕塑的设置要求：①体现创造者的艺术目标。雕塑首先是雕塑家的作品，雕塑家的艺术追求要得到体现。②契合景观环境的整体的主题。景观雕塑是为景观而做，离开景观整体环境的雕塑主题，是无本之木。③协调空间的形态。处于一定空间的雕塑，与架上雕塑不同，它需要遵循空间与视觉的关系规律，形态、尺度、色彩等需要与其背景空间相协调。④配合造景需要的材质。景观的生态性、自然性，决定了雕塑材质需要经过一定的考量。⑤服务于观赏者的欣赏与互动。景观应服务于人的活动，雕塑作为其中的元素之一，离不开与人的互动（图 3.6.5—图 3.6.8）。

图3.6.5　作为焦点型景观之一
的雕塑（抽象雕塑）

图3.6.6　作为焦点型景观之一的雕塑
（圆雕人物）

图3.6.7　作为焦点型景观之一的雕塑（莫斯科胜利广场）

图3.6.8　作为焦点型景观之一的雕塑（圣彼得堡十二月党人广场）

（二）景墙

1.景墙的概念

景墙是指观景聚焦或以特别的造型起阻挡视线作用的构筑物。在中国古典园林中，景墙是重要的景观组成元素。由于具备突出的造景作用，景墙有别于一般的围墙，具有塑造景观、控制游览视线、隔绝和保护的效果，成为备受关注的焦点型景观。

2.景墙的类型

按照景墙的作用，其可以分为标志性景墙、空间性景墙、装饰性景墙、辅助性景墙等四种景墙。

（1）标志性景墙。标志性景墙是指带有环境标识作用的景墙。标志性景墙塑造该区域空间的特征，通过增加图形、符号或文字等方式呈现场所的内容性质，以具象的样式唤起人们对所处区域的认知，具有聚焦视线、引导路线的作用，一般设置在公园、小区的入口处，以及路径节点等处（图3.6.9）。

（a）皇家园林用的九龙壁景墙（北京北海 　（b）山水主题景墙（苏州美术馆）
　　公园）

图3.6.9　标志性景墙——照壁

（2）空间性景墙。空间性景墙的作用是划分空间界面，阻断、限定或引导人的视线和活动，创造空间趣味。空间性景墙可以对人们的观赏行为进行引导和控制，也可以划分不同的区域，避免区域相邻空间与活动的互相干扰。景墙具有阻断视线、引导空间的双重效果，很好地利用了人们的好奇心及一探究竟的心理，丰富了景观层次，强化了景观的感染力（图3.6.10）。

（a）供游戏体验的空间性景墙

（b）作为空间围合用的景墙

图3.6.10　空间性景墙

（3）装饰性景墙。装饰性景墙可以为景观增加精细化的立面感受，充分展示景观艺术美的特质。装饰性景墙突出景墙的外部效果，强调用造型图案营造空间氛围，吸引人们的目光，带给大众精神上的享受（图3.6.11）。

(a) 装饰景点的景墙

(b) 侧重装饰的景墙

图3.6.11　装饰性景墙

（4）辅助性景墙。辅助性景墙主要包括挡土性景墙和生态性景墙，其内在功能为满足挡土需要或生态需要，外在则呈现造景功能。挡土性景墙的主体受力学与结构方面的要求制约；生态性景墙则由相应功能而定，如加湿水幕景墙由用水需要决定，爬藤绿植景墙由植物品种特点决定。

（三）景观标识

1. 景观标识的作用

景观标识的作用是通过设置一定的设施及标识，引导人们的活动。景观标识设置在人流活动的路径上，需要以显眼的方式引起注意，是小尺度的焦点型景观，如交通指示牌、场地介绍与活动指引、安全警示牌等。

2. 景观标识系统

景观标识系统是景观视觉系统与环境功能系统的一部分，是景观视觉感知的系列化对象，是活动功能系统的细化和补充。景观标识系统，即视觉系统与环境功能系统的统一。

阿尔多斯·赫胥黎（Aldous Huxley）在其著作《观看的艺术》中提出"感觉 + 选择 + 理解 = 观看"，强调了从"看"到"看到"的过程。

能够清楚自己的体验感受、活动安排，需要以获得明确的视觉信息为先决条件。景观标识的作用也一样，标识以信息的传递为首要目的，景观标识系统的设计还要遵循识别性和信息说明性原则。景观标识系统比景观本身更容易被人们感知，从而形成基本印象。设计好景观标识系统，无疑是提高景观特色识别度的捷径，能够提升景观的知名度。

3.景观标识的形态

从形态类别上，可以将景观标识分为具象型标识、抽象型标识和混合型标识。

（1）具象型标识：直接以某种具体的、人们熟知的图形、符号或文字作为标识系统传递信息的媒介。它的特点是能够让人们对标识的功能一目了然，或只需稍加思索就可理解标识的意图，为景观标识系统所常用。

（2）抽象型标识：采用抽象的图形或符号，作为标识系统传递信息的媒介。这一类标识相对较少，但有其特别的作用，它能利用视觉语言，让旅游者获得情趣体验，产生感情并激发创造性思维。抽象型标识不再是单纯地对形体进行模仿，而是对事物的本质进行提炼得到的图形标识。抽象型标识的信息传达对象的范围相对较窄，优秀的抽象型标识能够让人们领会到标识所传达的特定信息，并产生审美认同。

（3）混合型标识：采取具象、抽象两种表达并置存在的形式。混合型标识兼具二者的优势，是景观空间的有趣元素。

第七节　焦点型景观的更新提质

一、焦点型景观更新提质的意义

焦点型景观的更新提质主要是围绕景观主体以外的空间环境进行挖掘

和利用。焦点型景观更新提质是一个综合性的过程，旨在利用现有的焦点型景观，通过功能补充、空间完善和环境美化等多维度手段，提升景观的实用价值和审美价值。

（一）功能补充

焦点型景观的功能性是其存在的核心意义。在景观更新提质的过程中，首先要考虑的是如何通过功能补充，更好地满足人们的需求。具体而言，可以从以下三个方面进行。

第一，增加场地活动内容：面向不同使用者拓展科普与教育功能，为市民提供学习自然知识和生态环保知识的场所，提高市民的科学素养。

第二，完善配套功能：增加公共家具，如座椅、凉亭等，满足不同人群的休闲需求，为焦点型景观的观赏者提供休憩方便；增加照明和广播音响，丰富焦点型景观的游赏体验。

第三，补充生态与安全措施：增加绿植，消除裸露表土；增加海绵设施；补充安全护栏；等等。

（二）空间完善

空间完善是焦点型景观更新提质的重要方面。在固有的空间内，如何实现焦点型景观的高效利用，提升景观的实用性和舒适度，是景观更新提质的关键。具体而言，可以从以下三个方面进行。

第一，维护景观主体：维护焦点型景观的主体本身，如修补景墙、清洗雕塑、维修标识系统等。

第二，扩大环境容量：重新规划景观的空间布局，使其更加合理、紧凑，从而扩大环境容量，提高空间的利用率。

第三，优化游赏和活动路径：通过完善配套设施，满足不同人群的休闲需求。

在优化空间布局的同时，应注重空间的层次感和流动性，使景观更具吸引力和趣味性。①拓展立体空间：利用立体空间进行绿化，如设置花架、挂篮等，增加景观的绿量，提升空间的生态价值。②利用边角空间：边角空间往往被忽视，但通过巧妙的设计和布置，可以使其成为景观的亮点，如设置转角座椅、种植特色植物等，使边角空间焕发新的活力。

（三）环境美化

环境美化是焦点型景观更新提质的重要目标。通过环境美化，不仅可以提升景观的观赏性，还可以改善生态环境，提高市民的生活质量。具体而言，环境美化可以从以下三个方面进行。

第一，改善环境品质：引入景观元素，改善环境品质，如更换场地铺装、引入雕塑小品、设置旱喷水景等景观元素，增加景观的层次感和趣味性。同时，注重景观元素的布局和组合，使其与周围环境相协调，形成和谐的景观画面。

第二，维育植被与生态：加强绿化建设，增加绿化植被的数量和种类，提高绿化覆盖率，打造绿意盎然的景观环境。同时，注重植物的选择和搭配，使其与景观的整体风格相协调。

第三，提升场所精神：增强景观的文化内涵，使其成为传承和展示地方文化的重要载体。通过设置文化墙、艺术装置等，营造浓厚的文化氛围。这些地域文化元素不仅可以丰富景观的内涵，还可以增强市民的文化认同感和归属感。

综上所述，焦点型景观可以从功能补充、空间完善和环境美化等多个角度进行更新提质。科学规划和精心设计，可以使焦点型景观在功能和审美上得到全面提升，为市民提供更加优质的生活环境和休闲场所。

二、焦点型景观更新提质的基本原则

焦点型景观更新提质作为一种重要的景观设计策略，旨在通过强化或创造特定的焦点元素，以吸引和引导观赏者的视线，进而提升整体景观的吸引力和艺术效果。在进行焦点型景观更新提质时，应遵循以下基本原则。

（一）焦点突出与主题明确原则

焦点型景观更新提质的核心在于突出焦点元素，因此首要原则即焦点突出与主题明确。设计师应明确景观的主题和风格，选择与之相契合的焦点元素，通过合理的布局和设计，使焦点元素成为景观的视觉中心，引导观赏者的视线，增强景观的吸引力和感染力。

（二）整体统一与协调更新性原则

焦点型景观更新提质强调焦点的突出，目的是带动景观整体的提升，但并不意味着可以忽视景观的整体性；相反，需要整体统一与协调更新。设计师应注重景观各元素之间的和谐统一，确保焦点元素与周围环境相协调，避免突兀和生硬。同时，应充分考虑景观的空间布局、色彩搭配、材质选择等，使整体景观呈现统一、和谐的视觉效果。

（三）因地制宜适配景观原则

在进行焦点型景观更新提质时，设计师应充分考虑场地的自然条件、文化背景和社会需求等因素，因地制宜地选择焦点元素和设计手法。同时，应遵循可持续发展的原则，注重生态保护和资源节约，选择环保、低碳的材料和技术，减少对环境的污染，实现人与自然的和谐共生。

（四）人文关怀与互动性原则

焦点型景观更新提质不仅要关注景观的视觉效果，还要注重人文关怀和互动性。设计师应充分考虑观赏者的需求和感受，通过合理的布局和设计，构建舒适、宜人的观赏环境，增强观赏者与景观之间的互动和交流。同时，应关注特殊群体的需求，如老年人、儿童等，为他们打造更为便捷、安全的观赏体验。

（五）创新性与文化性原则

焦点型景观更新提质应具有创新性和文化性。设计师应在遵循传统景观设计原则的基础上，勇于尝试新的设计理念和方法，营造具有独特魅力和时代感的焦点景观。同时，应深入挖掘和传承当地的文化元素和特色，将文化内涵融入景观设计中，提升景观的文化内涵和品质。

第八节　特殊型景观的设计及更新提质

一、节庆景观设计

节庆景观设计是指为特定节日或庆典活动而专门设计并布置的环境艺术形式。通过视觉、触觉、听觉等多感官体验，营造浓厚的节日氛围，传承和展现地域文化特色，同时促进社会交往与经济发展。节庆景观是对特定环境景观在一定时间段内景观的"改造与更新"。

（一）节庆景观的营造原则

节庆景观作为特殊景观，需要相应的设计法则，才不致误入歧途。因此，笔者提出节庆景观设计的八个法则，具体如下。

法则一：主题表达。节庆和景观在用不同方式传递文化信息，主题表达是节庆活动的基本程式。服务于节庆的景观，有别于其他景观。只有展现城市文脉的节庆，才能更好地服务城市；只有融合城市空间的节庆景观，才能深层次地引起市民的共鸣。节庆景观在城市中的布局同样需要遵循主题表达的原则，这一原则使景观所传递的文化信息具有一定的集中度，使景观更具节日感。

法则二：创新出奇。节日异于平日，节庆的功能在于缓解长期积累的压力，节庆景观需要新和奇。释放热情的节庆，应当充满尝试和探索；布施教诲的节庆，应当鼓励预演和表白。

法则三：系统重构。平常的景观转换成为节庆景观，是两种不同景观系统的更迭。需要采用节庆元素，改变原来景观的结构关系，准确地把握新旧景观要素的作用，使节庆活动恰如其分地与场景匹配。

法则四：审美延续。景观和节庆共生于城市，是城市形象的不同表达方式，对景观和节庆的审美应该是城市审美的延续。好的节庆景观可以形成"全城动员"的景象，这正是审美延续的作用。

法则五：焦点集中。开敞空间与室内空间相比，是相对消极的空间。在宏大的尺度里，用有限的景观元素装扮节庆，采用焦点集中的方法无疑是解决问题的捷径。这样可以弱化观众自选式的游赏，同时有利于处理节庆的即时性与纪念性之间的矛盾。

法则六：对比叠加。在城市开敞空间营造节庆景观，多数采用加法（个别夜景的处理略有不同），往往是新旧景象的叠加、新旧体验的对照，从而形成巨大的节庆兴奋。例如：西班牙奔牛节，在潘普洛纳市旧城区"奔牛之路"狭窄的石板街中，人牛狂奔与传统街景的叠加对照，产生了巨大的审美冲击；摩纳哥蒙特卡洛 F1 大奖赛，以寻常街巷为背景上演生死时速，就如同在客厅中开直升飞机一样困难。然而，对于蒙特卡洛的游客和居民来说，最幸福的无疑就是站在阳台上观看比赛了。寻常街巷的赛道背景加上激烈的汽车追逐，这样的比赛给人不同于一般的观赛体验。因此，对比叠加是节庆景观设计的主要法则之一。

法则七：以人为本。"以人为本"虽然在面对生态保护的时候不尽其然，但是由于节庆景观本身包含着满足人群活动的需要，因此在物质层面和精神层面提出以人为本原则是合理的、必要的。具体来讲，安全优先、重视人的体验、设施合理充足、交通便捷等是以人为本原则的体现。这样才能使节庆景观设计中有明确的权重，避免出现为了节庆而节庆、为了景观而景观的情况。

法则八：效应兼容。景观营造是需要资金和资源投入的，节庆景观同样提倡节能环保。由于节庆景观的时效性，可能因此出现快餐式使用，从而使节庆景观与低碳环保的要求相悖。效应兼容正是为了合理权衡文化、经济、社会、环境等效益的关系。在具体设计中，应该注重硬功能的改造、软功能的调理，以及永久性改造与临时性装扮的筹划，做到景观建设效益最大化。类似的景观建设是有深刻教训的，如伦敦的"千禧巨蛋"。位于伦敦泰晤士河畔的"千禧巨蛋"曾被英国政府寄予厚望——成为首都新的标志性建筑，未料想其落成不到半年，英国便陷入财政危机。究其原因，就是围绕千禧年展开的景观建设项目忽略了效应兼容法则。

（二）节庆景观的设计要点

面对同样的功能需求、空间布局、景观元素，节庆景观与其他景观设计的设计要点不同，要突出场景、语境、符号等，主要有以下六个方面。

要点一：透彻了解需求。大型活动的需求往往复杂多样，活动的主体、宾客及附属团体的要求各异，现状条件和理想效果冲突频繁。"透彻了解功能需求"是良好设计的开端。

要点二：大力整合语境。公众的审美品位不同，因此节庆景观要获得广泛的认同，减少文化差异导致的对景观空间的认知差异。可以透过"语境整合"的概念来整合视觉元素，使公众按约定俗成的角度审视景观，从而使公众达到审美认知与审美认同的统一。简单来说，按约定俗成展示节庆景观就是"方便大众接受的"，就是整合了"语境"的。

要点三：精致匹配场景。情景相生，或激越，或恬静，或狂野，或灵秀，节庆活动应与城市空间相匹配。

要点四：提炼形态符号。形态符号用于节庆景观，宜奔放简约，中国节庆青睐春联、灯笼、狮子、鞭炮、中国结等，西方节庆常见鲜花、面具或雪花、松树。这些形态符号多有奔放、简约之感。提炼形态符号最能显示景观设计师的水平。

要点五：准确调理视觉。景物、角度、视线是成就观赏的基础，准确处理观赏路径，合理安排景色的切换是有序控制景观之道。

要点六：悉心推敲细节。德国著名建筑师密斯（Mies）曾经说："上帝在细节之中。"景观设计也不例外，悉心推敲细节也是景观设计的要点之一。

（三）节庆景观的设计步骤

从设计的步骤安排来看，节庆景观的营造与一般项目不同。一般项目设计的主要过程为任务与条件分析、方案设计与评估、设计深化与调整、成果检验与修正、执行与实施等。由于节庆活动本身有别于日常，往往使节庆景观带有超常规的因素，特别是在大量公众参与的活动中，更要具有视觉冲击力。所以，笔者认为节庆景观的设计应按八个步骤实施，即解读任务、条件分析、构思交流、概念修正、预案比选、设计实施、多元评估、多方检验，并强调其中构思交流、概念修正、预案比选、多元评估四个步骤。主要原因如下。

第一，以具象的景观形态对接表达抽象的文化节庆主题时，存在不同程度的认识差异和目标不确定性，因此需要就认识、设计目标、设计构思等开展构思交流。这一交流过程对于把握公众性需求、把握节庆的表现力十分重要。

第二，节庆与日常在许多方面是有明显区别的，日常的一些概念用于特殊时间、特殊环境就变得不同，归根结底是其使用条件发生了改变。日常概念是否适用于节庆，这个问题往往被忽视。因此，针对节庆项目，需要强调对惯用的概念、习惯性的操作进行概念修正。

第三，正是由于节庆不同于日常，存在一定的不确定因素，自上而下的计划往往出现变化，因此在设计中需要安排预案比选步骤，从而保证圆满完成任务。

第四，以城市的名义展开的节庆活动往往存在多元的目标，其投入与产出的成果不同于一般的建设项目。因此，从多元的角度对设计成果进行评估，是保障成果的重要步骤。

（四）节庆景观的设计实践

下面结合广东奥林匹克体育中心（以下简称"奥体中心"）周边景观整治设计，谈谈对节庆景观的认识和实践。2010 年第 16 届亚运会是广州承办的规模最大、最具国际影响力的体育赛事，也是亚运会历史上竞赛项目最多、参会人数最多的一届。奥体中心是举办亚残运动会开、闭幕式的主场馆，同时在亚运期间承办田径、游泳、棒球、垒球、网球、射击、射箭、现代五项等八个大项的赛事。

该项目围绕奥体中心周边的道路、人流集散口，以及若干停车场进行景观整治，服务亚运赛事需要，改善平时城市环境。对奥体中心周边区域开展环境景观整治，配合奥体中心环境氛围，形成周边的绿色人文环带；完善景观配套设施服务，满足亚运期间的需求；改善城市景观环境，展现中国及岭南文化。装扮色彩缤纷的亚运盛会，构建生意盎然的绿色空间（图 3.8.1），营造优美的夜景灯光效果（图 3.8.2）。

其中，奥体中心南广场以"丝路门户、印象龙舟"为主题，统领整个环境的景观格调。

图3.8.1　奥体中心南广场总体鸟瞰图

图3.8.2　奥体中心南广场夜景鸟瞰图

1. 硬需求与软需求

从透彻了解需求的角度出发，分析比赛活动、交通、安防及环境需要等"硬需求"，评估文化表达、景观审美等"软需求"。奥体中心南广场设计围绕服务亚运会和亚残运会展开工作，在功能方面主要是满足服务设施、交通、人员集散、停车等要求；在景观方面主要是打造与奥体中心相匹配的城市景观，改善环境质量，提升奥体中心南广场的使用价值，做到节庆和日常使用兼容的景观改造。

设计师对现状进行评估，甄别现状景观要素的优势、劣势，提出"改善"

和"改变"两种处理方法，有效地应对日常需求与节庆需求。在靠近体育场馆区域，设计师将重点放在了构建气氛热烈的环境上，提供了发挥个性的舞台。其余重要节点、区域则采用改善、调理，做到重点突出。

2. 景观角色的转换

依照精致匹配场景的要求，设计师分析平时与重大节庆时的景观异同点，确立景观改造目标，通过改造，实现从日常使用向庆典使用的景观角色转换。将道路、球场、空置场地及绿地等进行整合，开辟南广场。利用城市空间，在奥体中心南端主入口处将奥体南路、环场路局部路段合并，扩展为南广场的核心空间（图 3.8.3）。

图3.8.3　奥体南路集散广场效果图

奥体中心周边景观的规划并非在整个规划范围内平均用力，而是空间尺度与人流路径匹配，根据人流量的多寡，采用"曝光率"分配决定景观节点的控制。奥体中心南广场以 VIP 通道作为重点，其他次之，辅助性停车场更次之，并将奥体中心周边区域景观设施分为永久性设施和临时性设施两种类型。针对永久性设施和临时性设施不同的性质和功能定位，采取相应的设计策略和建造方式。永久性设施在亚运会后要完整保留或更新，成为赛后日常使用的开敞空间骨架。因此，其主体绿化与开敞空间的建设应当一次性到位，尽量降低工程的废弃率。临时性设施在赛后需要进行拆除并恢复现状，因此应以可移动的植物种植方式为主（如盆栽植物或植物箱等），配以临时性的小品或雕塑、座椅、休憩设施等，以便于赛后的拆除和功能转换。

3. 景观"眼"的扩展

依照大力整合语境、提炼形态符号的要点，其中景观要素设计采用灵动、飘逸的大体型飘带形态，展示丝绸、波浪交织，传达了广州作为海上丝绸之路的门户城市，与亚洲各国友好交往的历史渊源，鲜活地诠注主题文化。

奥体中心主体育馆中的奥林匹克体育馆，作为城市的标志性建筑，其流线型的屋顶形态优美，建筑形象深入人心。本次的周边景观整治，依照系统重构法则、审美延续法则，扩展这一优势景观。奥体中心南广场的地面铺装沿用了奥体中心体育场馆的设计理念，运用飘带造型凸显运动的主题，反映出对速度的追求、情感的彰显，对体育盛事、节日庆典、崇高精神的向往。流动的线条可以打造独一无二的地面铺装风格，新颖而浪漫，具有强烈的标志性，展现岭南建筑轻灵飘逸的神韵（图3.8.4），达到"创新出奇"的节庆效果。

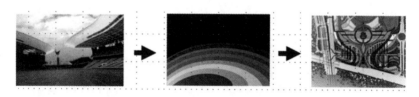

图3.8.4　奥体中心南广场铺装设计构思

4. 开敞空间的系统布局

在空间层面，节庆景观与普通景观设计有同有异。相同的是，组织空间的手法无外乎围合、半开敞、开敞等手法；不同的是，节庆景观更加具有空间序列的演绎效果，对于空间的安排需要根据节日庆典本身的要求，突出功能和体验顺序的戏剧效果。

通过南广场的中轴线序列，打通奥体中心与广园路的联系，发挥奥体中心作为城市的标志性建筑应有的景观效果（图3.8.5）。设计着重处理开敞空间与奥体中心、广园路及大观路的关系，采用界面开敞的形式，表达广东对外开放、广泛包容的时代特征。设计目标着重于营造城市活动的舞台，处理新旧城区的连接体。提倡开放性，空间总体应打破"画地为牢"的设计方法，拆除不必要的围护，还空间于城市。落实景观"系统重构原则"和空间"审美延续原则"。在设计中全面考虑静态景观（静态的场地、场馆）与动态景观（游行队伍、花车及人群）。

图3.8.5　奥体中心南广场中轴效果图

5.塑造空间的"人性化"

节庆景观无论处于哪一个层面，人这一因素都是至关重要的。城市开敞空间的设计必须满足人们生理和心理两方面的需求。在构建开敞空间环境时，应满足人们的生理、心理、行为、审美、文化等需求，使审美、参与、娱乐相互渗透与结合。

奥体中心南广场除了讲究整体功能布局，体现"以人为本"的宗旨，更考虑到方便参会人员管理、比赛、观看比赛、观众进退场等内容。

6.景观节点的精与粗调控

奥体中心南广场注重打造系列特色景观细节，展现地方文化特色，如地面彩带、木棉花灯、印象龙舟等。木棉花灯及气球以广州市市花木棉花为基本造型。整个南广场以木棉红为色彩基调，通过灯具等细节，演绎广州亚运会的主题形象。印象龙舟则是对"龙舟"这一传统文化实体进行抽象再创作，形成了一道独特亮丽的风景线，充分演绎了亚运盛会与文化融合的主题。设计通过印象龙舟这一核心雕塑景观，展现广州崇尚体育的文化精神（图 3.8.6）。

(a) 引导视线的装置景观设计

(b) 引导视线的装置景观

图3.8.6　奥体中心南广场印象龙舟效果图

设计师按照"准确调理视觉"的要求，做到有的放矢。考虑人与建筑由远而近不同距离而产生的视觉效果来进行景观设计。从实际的研究成果来看，被观察目标的大小和人与目标之间的距离之比决定了人对目标的感受。以人作为观察目标，识别人的面部表情的最大视距为 20 ～ 25 米，在此范围内，人也可以观察到建筑的细部；识别人体活动的最大视距为 70 ～ 100 米，在此范围内，人可以对建筑留有印象；识别群体和轮廓的最大视距为 150 ～ 200 米。以此类推，广场上合适的人群聚合群组活动空间应该在 0.5 公顷左右。如考虑到其不同用途及服务的人口规模，城市广场规模可在 0.5 公顷模数基础上相应扩大。一般而言，小城市广场的面积不小于 1 公顷，大中城市广场的面积以 3 ～ 4 公顷为宜。

奥体中心南广场用地 15.5 公顷，作为一个大型文化旅游广场，这样的规模显然是过大的。考虑到兼顾停车场和其他实际使用功能的需要，以及人体尺度，在设计的过程中对广场进行了"化整为零"，将大而含混的空间分为若干小空间。在靠近体育场馆主入口的区域，结合利用车流量较少的奥体南路改造为集散广场，面积约 3 公顷，以便于人和活动的集中。

二、临时性景观设计与营造

（一）临时性景观的概念

1.临时性景观的概念

临时性景观一般是指由于某个特别时段，需要在景观环境中添加特别的场景，使之适合特定活动、观赏的需要，是相对于长久性景观设计形式而言的。临时性景观是一个过程，是包含从设计到建立、改变，再到拆除和重新利用的一个循环概念。临时性景观可以视为对特定环境景观采用临时性、过渡性的"改造与更新"。

从存在年限的时间角度上比较，临时性景观与长久性景观没有具体的时间界限。从景观形态的稳定性角度来讲，任何物质的存在形态都是不断变化的，区别只是是否明显而已。所谓长久性景观，其实也是一种相对的稳定，而临时性景观有着可移动、可拆卸、可任意组合的特点，其形态变化本身也体现了一种过程艺术。临时性景观主要包括城市嘉年华、潮汐景观、气象景观等。

2.临时性景观的特点

（1）短时性：临时性景观最大的特点就是使用时间的短时性。传统景观一般是坚固持久的，所以大多选择持久性的材料，这对传统景观设计造成了很大的局限。这种现象极大地限制了景观设计理念的创新，更限制了景观设计行业的发展。但是，对于临时性景观来说，其所受到的局限就小很多。在材料的选择上，可以大胆地使用纸、树皮、绳索、藤编材料等传统景观中不会选择的物质元素。

（2）灵活性：临时性景观的灵活性，一方面是指对设计师的限制条件少，另一方面是指临时性景观的设计形式多变。布置临时性景观是一个尽情发挥、激情迸发的过程,并且材料和形式的多样性也给设计师提供了很多发挥的机会。临时性景观不必担心以后的维护问题,这也是设计中的一大优势。另外,临时性景观在建造过程中也体现了灵活性,主要是景观元素的组合、改变及拆除都很灵活,可以根据实地状况进行临时调整(图 3.8.7)。

(a) 伦敦街道的圣诞节
灯饰

(b) 音乐嘉年华临时布景

(c) 临时架设的星光隧道

(d) 临时架设的装置艺术

图3.8.7　丰富灵活的临时性景观

(3)参与性:临时性景观要尽力在特定时间内集中展现,传递更多的信息量并引起使用者的关注。因此,增加大众参与性是必不可少的。在18—19 世纪的园林景观中,景观唯一的目的就是观赏,人与景观的关系仅仅处于观赏与被观赏的状态。但是,现代景观的设计理念认为,人给风景增添了活力,人本身也成为风景的一部分。城市闲置空间中的临时性景观需要最大限度地向市民开放,人们可以观赏、使用、享受这些景观元素。这也体现了当代景观设计对人、社会,以及对自然景观的理解(图 3.8.8)。

(a) 临时装置艺术

(b) 新构造的景观装置

(c) 装置艺术

(d) 可互动的景观界面

(e) 临时设置的充气雕塑

(f) 临时设置的氛围走廊

图3.8.8　参与性强的临时性景观

（4）经济性：临时性景观在造价上存在不同程度的限制。由于其使用寿命短暂，因此会尽可能降低建造成本、维护费用和资源能耗，做到物尽其用。并且，由于临时性景观在短时间内的使用率很高，即使增加了宣传和维护的费用，总的来说，临时性景观仍是比较经济实惠的。

（二）临时性景观的设计

1. 临时性景观的设计原则

（1）环境舒适性原则：公共空间的舒适性是从使用者感受的舒适度和空间使用功能考虑的，不仅仅要考虑景观设计本身，还要考虑景观与周边环境相结合，建立一个完整和谐的关系。要表达出景观功能配置合理、空间尺度适度、整体美观等要求，从而使使用者感到舒适放松，满足他们的心理需求及对空间功能的需求。

（2）多元互补性原则：临时性景观是整体设计的一部分，任何景观元素都无法单独成立，而是依存于整体的景观设计中。临时性景观设计不能只关注某一单独的空间时段，而是要从大局出发，注重环境的整体性，这样就不会使景观设计单薄化。所以，多种元素的使用一定要遵循多元互补性原则，避免发生彼此排斥的局面。

（3）可持续发展原则：临时性景观设计必须符合可持续发展原则。对于空间而言，所有景观元素都是空间以外的人为介入，为满足周围居民的使用要求，对闲置空间的功能进行临时性的改变，但必须从设计的合理性出发，避免大规模地改变当地环境，保证可持续发展。

2. 临时性景观的设计要点

临时性景观的设计要点有应时应景、聚焦主题、全域统筹、功能扩展、综合利用。

（1）应时应景：临时性景观是为特别时段而设置的，因此其服务的时间及场景需要是设计首先要解决的问题。

（2）聚焦主题：临时性景观对应着特别的人员活动，因此设计要明确主题、分析主题、聚焦主题。通过在固有环境中添加特色形态、调整空间动线等来聚焦主题。

（3）全域统筹：临时性景观是在固有环境中临时设置的，离不开大的景观背景的支撑，所以需要全域统筹。

（4）功能扩展：在固有环境中设置的临时性景观，其本身具有一定的功能目标，由于临时性的目标不一定与背景业已存在的功能一致，因而需要就功能方面寻求扩展与协调。

（5）综合利用：临时性景观服务于专属的时段与场景需要，面对人居环境景观的公共性特点，必须考虑综合利用。这既是对环境的尊重，也是对临时性景观价值的提升。

（三）临时性景观空间营造的方法

1.因借环境空间营造临时性景观

设置于固有环境中的临时性景观，采用顺势而为是最巧妙的方法，应积极利用现状山水、场地、路径、地形空间等。

例如，地形地貌直接影响着人们的视觉感受和空间体验，平坦的地形在视觉上突破了空间的限定感，美好的景色尽收眼底，能给人带来舒展、轻松、愉悦的感受。在营造临时性景观空间时，要根据研究数据，充分利用不同地形环境对人脑的不同影响，合理运用颜色渲染及凹凸摆放等方法，为活动场地营造一个极富自然的空间序列。

2.因借景观元素营造临时性景观

营造临时性景观往往要利用场地的景观元素，并与之完美地融合，使临时性景观营造事半功倍。例如，利用现状建筑、植物、大树、花丛等元素，使其与周围的景观元素紧密地融合在一起，为人们营造自然而整体性强的临时性景观。

3.临时性景观的材料工艺

由于临时性景观具有一定的时效性，所以在工艺选用上，要求快速、便捷、易装卸。临时性景观采用新型材料和创新工艺，有助于特殊时段、特别景观的效果呈现。临时性景观选择的材料都是环保无污染的材料，可将其分为三类：第一类是可回收再利用的材料，如金属、防腐木、塑料等；第二类是可降解材料，如纸、树皮、木屑、藤编材料、回收松木等；第三类是可成为建筑原材料的材料，如沙子、石子、石笼网、红砖、圆木等。

三、桥下景观设计

对从属于桥梁的桥下空间进行拓展利用，是一种空间价值提升的行动。

（一）桥下景观空间特性

1. 景观空间功能的多重性

景观主要是为人服务的，不同年龄段的人会有不同的需求，而同一年龄段的人在不同的时间段也会有不同的需求。一个场所的品质是其形态与观赏者之间相互作用的结果，这体现出了主体反应的多样性。

桥下景观空间有功能多重性的特点，作为城市公共开放空间的重要组成部分，根据不同的地理位置、空间形式、交通压力、人流量等因素，人们对桥下景观的设计需求也大不一样。例如：在人口密集的市中区，桥下景观空间的功能大多以分散人流，保证机动车和人们的通行安全为主，通常会设置一些小型的桥下花园，种植一些隔音防尘的植物等；在城市郊区，或者环城高速岔口处的立交桥，桥下很少有行人通过，所以其景观空间会设置少量活动区域，主要是以交通流线、植物的搭配种植和城市的美化效果为设计目的。

桥下景观空间应在满足交通流畅的前提下，对不同桥下空间进行合理的规划，充分利用桥下空间功能多重性的特点设置公园、空中自行车道、小卖店、公厕、健身器材等，以丰富桥下空间。由于受到桥体结构的限制，不同路段桥下的功能空间也会有所不同，应对其功能进行合理化的设计和划分。设计要按照以人为本为的原则，在满足人们心理、生理需求的前提下，对桥下景观空间进行充分合理的利用。

2. 景观空间视线的引导性

在桥下景观空间中，会出现视线干扰等问题，大多是由植物的种植和修剪不当造成的。因此，通过对植物种植和修剪的调整，对桥下景观空间提出引导性策略，从而确保桥下景观空间对交通视线的引导作用。在较空旷处种植大乔木，在车辆转弯处种植不影响司机和行人视线的小乔木或灌木。结合桥下实际空间情况，分为以下三种情况。

（1）大乔木的作用是通过其特有的高大特征，以树阵的方式种植，引导车辆和行人的运动路线。人们可以根据种植的轨迹，掌握运动的路径。大乔木一般种植在行车道两旁，可以有效地进行区域功能的划分，为桥下运动的行人提供识别性的视觉导向。

（2）小乔木、灌木可以起到让人们减速慢行的视觉效果，将一些特征明显的小乔木、灌木种植在车辆合流的道路两侧，可以起到视觉缓冲的作用。

（3）在车辆会合区域的三角地带，为了避免遮挡司机视线，影响行车安全，需要种植一些低矮的花草、灌木，或者分支点高、枝叶稀少的乔木，以保证司机视线的完整性。

不同的空间形式和景观元素，在一般情况下都有不同程度的引导性和限定性，而引导性和限定性可以对人们的视觉和行为产生不同的影响。通过人们在桥下的视觉感知，可以领会其中的信息和氛围，从而对这一空间有自己独特的感受。利用桥下景观空间，合理地进行植物栽植和搭配，不仅可以对运动中的人们起到视觉引导和线路指向的作用，而且可以凸显桥下景观空间的独特性，加深人们对此区域的印象，这对于把握立交桥复杂的交通线路和空间设计水平也有一定的帮助。

3. 景观空间时空的多元性

城市立交桥将城市道路向垂直方向发展，它运用立体化的交通方式，实现在有限空间内的无妨碍通行。由于在竖直空间上增加了一层或多层车行道路，原来的交通不会因此受到影响，人们在不同层次会有不同的视觉感受和心灵体会。

桥下景观空间具有时空角度的多元性，表现在时间和空间两个方面。在时间方面，随着一年四季或每天日升日落的时间变化，桥下景观空间会呈现不同的特性，这也会影响人们对桥下景观空间的认知。在空间方面，大多数桥下空间都会建造一些公共服务型的室内建筑，其余的地方用柱体进行空间划分，形成室外"灰空间"作为过渡空间，从而使室内空间、灰色空间和外部空间三者复合存在，形成多元性的空间特点。

在不同的时间段内，对桥下车流量的强度进行统计和分析，可以总结出桥下交通的高峰期和低峰期。在高峰期时段，由于道路上车辆较多，容易出现交通事故，因此桥下行人通行的速度比较慢，增加了车辆等待信号灯的时间，从而相应地增加了交通拥堵。在低峰期时段，由于道路上车辆较少，行人通行速度相对较快，很多线路都设有围栏，人们通过桥下空间需要绕行，增加了人流的复杂性。

根据桥下景观空间时空角度的多元性特点，可在城市立交桥下设置一段空中自行车步道。道路在桥体和路面之间穿梭，在人流量密集的区域设置上下空中步道的出入口，实现主要景观节点上下桥行为。这样可以形成人车分离的交通流线，有效地降低交通事故和交通的拥堵率。例如，厦门市的公共交通系统在全国居于首位，被誉为最适宜公共出行的城市。2017年1月26日，中国首个与城市立交桥相结合的空中自行车道开始使用。自行车道设计在厦门快速公交（BRT）两侧的空中位置，位于BRT车道和地面车行道路之间，从洪文站开始，延长到县后站，总长度为7.6公里，使人们可以自由地在城市交通枢纽之间穿梭。

空中自行车道与地面车行路和立交桥车道之间的竖向组合，有效地加强了时空多元性的特征，代表桥下景观空间的发展进入新时期，增加人们对桥下景观的体验感，也是一处充分服务于行人的交通景观。

4. 景观空间环境的生态多变性

桥下景观空间会因各种干扰而存在一定的多变性，表现在自然干扰和人为干扰两个方面。自然干扰表现为酸雨、沙尘暴、寒流等天气因素对桥下植物的破坏，造成桥下生态环境的多变性；人为干扰表现为土建施工、交通污染等干扰。二者共同影响着桥下景观空间生态系统的稳定性。但人为干扰的力量和影响远超自然干扰且叠加于其上，共同对桥下景观空间的生态环境造成影响。

随着人们对绿化认知度的提升，众多城市开始重视生态环境发展。采用合理的植物搭配来打造桥下景观空间，从而出现桥下森林的设计效果。传统绿化是基于水平地面的绿化形式，而与之对应的垂直绿化（亦称"立体绿化"）正逐步在城市绿化中起到举足轻重的作用。

（二）桥下景观空间的提升策略

1. 提高整体功能性原则

为加强桥下景观空间的整体功能性原则，应在交通优先原则的基础上进行充分设计。首先要确保桥下人车交通运行的通畅，设置介于桥体和地面之间的空中自行车道或人行步道，行人可通过空中线路穿梭在桥下景观空间的任何地方，可将行人和机动车辆进行隔离，避免行人和车辆的流线干扰。其次要符合使用原则，可在桥下宽敞的空间设置一些公共休闲区域，为行人提供通行和长时间停留的条件，丰富桥下景观空间的整体功能性（图3.8.9）。

在桥下环境条件允许的情况下，尽量丰富桥下空间的功能属性。例如，车辆和行人通行的线路畅通，空中自行车道、停车场、洗车场服务等交通功能，超市、餐厅店等商业功能，公厕、健身器材场地等公共服务功能，以及美化城市环境功能的城市袖珍公园和生态林地，等等。同时，应符合整体功能性的设计原则，对城市的地域、人文、历史等进行综合考虑，满足桥下景观空间的可用性和开放性要求。

（a）桥下亲子场地

图3.8.9　桥下空间的特殊景观（公共休闲区域）

(b) 桥下休憩空间   (c) 桥下儿童活动场地

图3.8.9　桥下空间的特殊景观（公共休闲区域）（续）

2. 保持生态环保性原则

　　景观，并非仅仅意味着一种可见的美观，它还包括了从人及人所依赖生存的社会及自然那里获得多种特点的空间。桥下景观空间作为一个独立的生态系统，不能与城市的其他生态系统断开连接，在设计上要充分发挥地域优势，将桥下生态系统纳入整体生态系统中，保持生态的统一性。大范围地种植植物对城市的生态环保起着非常重要的作用，在种植的过程中要合理地分配物种，选择具有吸附灰尘、汽车尾气等功能的树种，以及适宜本土生长的乡土树种进行种植（图 3.8.10）。

　　为了保证汽车通行有良好的视线，桥下重要节点处不宜过多地种植高大乔木，可以采用一些低矮的灌木及地被植物进行景观设计。在夏季时，景观观赏效果会很强；但在冬季，灌木叶片脱落，地被也逐渐枯萎，会带给人一种凄凉的感觉。因此，在空间比较大的桥下区域，应种植一些常绿乔木，保证冬季仍然能够展现较强的桥下生态效果。在桥下生态系统的设计过程中，以生态环保性为前提，合理参考当地植物群落的种植方式，做到乔灌木合理分配，形成稳定的桥下生态环境。

图3.8.10 桥下空间的特殊景观（桥下生态系统）

3. 坚持以人为本的原则

景观的主要目的是服务于人，一项景观设计的成败、水平的高低，以及能否吸引人们的注意，就看它是否能够满足人们户外活动的需求，是否符合人们在户外活动行为的需要。因此，在桥下景观空间各项设计中，要以人的需求为出发点，满足人们生理和心理上的需求。在桥下设置一些可供行人停留的公共区域及过街通道，合理划分好行人活动区域和车辆活动区域的界限，用植物进行人车隔离，充分满足人们的出行要求。

例如，上海世博园内的卢浦大桥，其桥下空间就充分体现了以人为本的设计理念。桥下有一段人性化的步道长廊，每根桥柱上都绘有中国世博元素的墙绘，使混凝土的桥身丰富多彩；桥柱周围设置绿植，以及可供人们休息的休闲座椅，人们可以在桥下进行各种户外活动，如看书、下棋、闲聊、跑步等。

通过卢浦大桥的例子可知，桥下景观空间功能与人的行为有着十分紧密的联系，要以满足人的可达性、安全性、舒适性为前提，对桥下景观空间进行人性化的设计及改造。

4.构建艺术特色性原则

桥下空间是一个城市重要的公共场所，不同的艺术特色会展示出城市不同的地域文化。那些具有历史意义的桥下空间，它们的建筑形式、空间色彩、人文符号等因素，会给行人留下深刻的印象，让人流连忘返，产生文化的认同感。

老成都的缩影已经在成都人南立交桥下伫立多年，桥下景观反映了老成都的传统风格，把桥柱装饰成古楼的形式，用很多木质的大门把桥下空间相互隔开，中间的铜质人像静静地坐在桥下。在桥面比较低矮的地方，建造了一排商铺，其装饰都采用了古建筑风格。大牌坊上挂着红灯笼，充分体现出成都历史悠久的地域风情。空闲时，人们会站在桥下，静静回味着老成都的情感。

通过人南立交桥的例子可知，在桥下景观空间中应采用具有艺术特色的设计理念，结合地域特色和历史文化特点，着力构建像人南立交桥那样能够代表本城市艺术特色的区位景观。同时，不能局限于传统文化，要以地域文化为基础，建设具有当地特色的桥下景观空间。

第四章　景观要素设计策略与方法

第一节　景观要素设计要点

一、景观要素

面对林林总总、各式各样的景观设计，可以从景观要素入手。景观要素是构成景观的基本单元，它们共同塑造了景观的整体特征和视觉效果。这些要素包括但不限于地形、地貌、水体、植被、建筑、道路、小品设施及人文元素等，它们通过相互之间的组合、排列和布局，创造出丰富多样的景观空间和环境。从大的方面来看，景观要素可以分为硬质景观、软质景观两大系统；从空间构成的角度来看，景观要素可以分为场地设施、水面设施、界面设施、围护设施、建筑设施、绿植设施、辅助设施、管线设施等。

二、景观要素设计原则

（一）整体性原则

把握景观要素设计的整体性原则，要求从整体上确立景观的主题与特色，这是景观规划设计的重要前提。缺乏整体性设计的景观，也就变成了毫无意义的零乱堆砌。

景观要素设计的整体特色是指景观规划设计的内在和外在特征。它来自对当地的自然条件、人文条件的尊重与发掘，来自对整体功能需求的筹划和协调，不是按照设计者的主观臆断，更不是肆意任性，而是通过对景观设计标准和规律的综合分析、提炼、升华，与人们活动、自然规律紧密交融，站在整体性高度解决设计中出现的问题。

（二）前瞻性原则

景观要素设计应有适当的前瞻性，所谓设计的前瞻性，有以下三个层面的意思。

第一，设计要依照自然规律的内在要求，对景观要素进行预先安排。处理好生态性，使自然界的各种物质共生共存、和谐相处，形成一个良好的循环，使得人居环境景观实现可持续发展。

第二，设计要符合科学技术的不断进步，力求在美学追求和形式表现上，保证景观要素设计具有时代性，可以对接未来发展的需要。

第三，景观要素设计要前瞻性地处理好内部功能的动态变化，如人居环境景观使用者的年龄变化与需求变化，从而产生多样功能需求，以及生态、气候状况的变化，如季节变化、自然灾害、防洪排涝。

（三）生态性原则

如何通过景观要素设计来保持生态可持续发展及生物多样性，是景观生态设计的重要方面。自然生态区、保护区、风景区、绿地等是世界上生物多样性保护的最后堡垒。

在自然中挖掘景观要素设计的美，避免人工过分雕琢。回归自然、亲近自然是人的本性，是景观要素设计发展的基本方向。应充分保留景观环境的地形地貌、植物景观、文化的原生态性，合理规划布置人工景观。具有生态性的环境景观能够唤起人们美好的情趣和感情的寄托，从而达到诗意般的效果。

三、景观要素设计选择的要点

（一）美感与协调

使用体验产生对环境的好感。美感源自体验，包括视觉、听觉、触觉及体感等方面。使用体验是综合性的，是对有形及无形的景观要素感受的结果。如空间的收放节奏与要素配置的契合度，运动与场地用料材质的匹配度，都是综合的感受。景观中的视觉美感，既有片段式的，也有连续式的。好的景观环境是片段与连续的视觉体验的集成，是通过景观要素的具体组合实现的。

同时，视觉美感也具有纵深性。人类的美感属于精神需求，人类的精神需求包括兴奋、敬畏、歉疚、轻松、自由和美感。景观美感由正向的空间环境而生，景观的正向特征是规则有序或有活力的空间序列，能够激发情绪互动感，所谓"一览无余"与"曲径通幽"带来的体验截然不同。合适的空间尺度，各构成元素与人的欣赏视角形成尺度协调，不产生错配感。多样性和变化丰富的视觉美感，能够激发深层次的想象力，所谓"诗情画意"和"浮想联翩"的感受，给人带来多层次的美感。环境的清洁性、安全性与活动的适宜性息息相关，能够引导使用者展开互动性的活动，需要对景观要素进行深度协调。

（二）要素的通用性

面向公众的人居环境景观具有公共性，与公共性需求相匹配的景观要素需要具有通用性。首先是景观要素服务人群的普适性，要求景观要素具有通用性。例如：座椅的材质需要结合当地的气候条件，结合通用的人体工程学尺度；行道树的选择需要考虑南方的遮阴需求。其次是景观建造的规范化，要求景观要素在质量控制的标准之内，需要景观要素具有通用性。例如，铺地材料需要适合户外使用，且符合一定的抗压、抗冲击要求。最后是景观维护的社会化，要求景观要素具有通用性。例如，行道树的选择需要考虑落叶的清理难易、果实落地的污染程度等。

景观营造希望产生独特的效果，希望营造独一无二、"独领风骚"或步移景异的景观，与景观要素的通用性不存在矛盾。景观营造效果是宏观的整体，景观要素是微观的个体，景观特色的产生主要依靠整体的元素组织和配合。因此，人居环境景观不必依赖景观要素的特殊性，或有个别特殊的景点需要，也不影响通用常规材质的大面积使用。

（三）注重人文性

景观营造的重要关注点之一是人，人的社会性带来了文化性，景观通过文化来满足人的精神需要，景观要素的选择需要注重人文性。景观环境的文化特征通过空间元素的选择和组织来表达，不能只在景观要素的浅层去提取文化符号，那样犹如图片墙，没有体现景观的空间整体效用。景观要素的通用性效用是让使用者通过自身的活动与场景形成文化体验。例如，花卉的选择可以更多地结合当地居民的文化偏好，使景观要素与当地的文化应产生共鸣。

（四）符合可持续发展

景观要追求可持续发展，其构成要素当然要符合可持续发展的要求。自然景观和传统景观均是不可再生的资源，新建景观善待自然与环境，控制人类行为的影响势在必行。景观要素服务可持续发展主要体现在与自然生态环境融洽，包括属于环境友好型的要素，属于耐用且生产排放少的要素，属于可重复利用或者后续负面作用较少的要素。

第二节　软质景观要素系统及其设计

一、水景元素的设计

（一）水景元素的设计原则

1. 生态优先原则

水是生态系统的重要组成部分，各种水景至少会与环境小气候形成关联，所以水景元素的生态性在设计时必须优先考虑和处置（图 4.2.1）。

2. 功能整体原则

水景元素符合生态功能，服务于生态功能是其自身特点所决定的，在设计时需要使其融入整体环境中（图 4.2.2、图 4.2.3）。

3. 景观优化原则

水景因其灵动丰富而成为景观的活跃元素，充分发挥水的造景作用，通过设计优化，使其成为美的、与环境正相关的景观（图 4.2.4）。

4. 安全保障原则

控制水的危害，使水患和水害得到有效控制，满足亲水安全要求。

图4.2.1 水景结合生态景观

图4.2.2 水景+娱乐功能

图4.2.3 水景+休憩功能

图4.2.4 水景元素优化景观

（二）水景元素的设计要点

1. 充分利用环境资源

水是自然资源的一部分，处于景观中的水需要来源，也需要为水的蒸发补充来源。无源之水、干涸而无法得到补充的水不能真正地成为水景。

2. 恰当创建水景

水景需要占地，水面会占用空间资源。水对人的活动起到一定的限定作用，至少会削弱空间的可进入性。因此，设计时需要将水作为景观整体的一部分，让水景的美自然而然（图 4.2.5）。

图4.2.5　结合空间整体配置水景元素

3. 丰富水的景观功能

水是丰富景观的活跃元素。水面与陆地是完全不同的空间区域，陆地是景观中人们活动功能的主要载体。因此，水景设计需要符合人们的活动使用需求，而不是因为水的存在使人的活动变得格格不入。

4. 助力生态优化

水是生态环境的重要构成要素，好的水景设计肯定是优化生态环境的。将水景中的水进行循环利用，就是基本的生态可持续优化。

5. 巧妙地处理水安全

洪涝的水，让人沉溺不得救的水，是水安全的主要隐患。然而，简单粗暴地设置水安全措施，造成不协调景观，是景观设计需要巧妙避开的。

（三）水景元素的设计策略

水景元素的设计策略：①生态优先策略；②空间形态＋功能优化策略；③安全与可持续策略。

二、植物景观要素的设计

（一）植物景观要素的设计原则

1. 生态性原则

植物景观要素自身就是依照自然生态规律生长的，生态性原则是设计师首先需要尊重的。适地适树进行植物景观要素设计也是运用生态性原则的一部分。

2. 多重利用原则

植物景观或多或少具有生态效用，其自身独特的形态也是造景的好元素，充分发挥绿植的景观作用，可以使造景事半功倍。

3. 长期性原则

植物的生长是长期性的，植物景观一旦长成，是不可替代的。因此，设计师需要用长期的眼光对待植物。

（二）植物景观要素的设计要点

1. 生态

遵从场地环境、气候、土壤、本土树种进行植物景观设计，是设计的生态起点。以宏观尺度对待植物与生态的关系，是设计重要的生态着眼点。从植物自身的生态特性出发，结合微观尺度安排植物的景观适宜性，是设计充分运用生态概念的体现（图 4.2.6）。

2. 形态

植物景观要素自身的空间体量，使其成为不可或缺的形态要素。树冠支撑阴凉的树下空间，草坪打开空间视野，花卉形成观赏聚焦，不同的景观各有用处。植物的形态是设计必须利用的资源。设计中采用孤植、对植、列植、丛植等不同方式，使植物形态设计具体化（图 4.2.7）。

3. 动态

植物自身是随季节变化的，以季节为时间轴，植物景观要素是动态变化的。不同的植物，其根、茎、叶、花、果、香可以创造丰富的景观，与人的活动关系也是动态的（图 4.2.8）。

（a）滨湖湿地灵动的植物景观　　　　　　（b）见缝插针的绿植

图4.2.6　遵从场地环境配置植物

图4.2.7　作为造景形态的植物

图4.2.8　与空间动态匹配的植物配置

（三）植物景观要素的设计策略

1. 生态优先策略

植物自身的生态性，不一定能够在生态环境中起到积极作用，需要从生态环境整体优化的角度，确定植物景观要素的配置，避免造景与整体生态冲突。

2. 自然美利用策略

植物可以展现为自然美，也可以通过修剪、人工组合，形成刻意的造景。从长期的角度来看，人工造景的植物将回归自然形态，造成人工的反复，所以自然美利用策略的价值显而易见。

3. 方便养护策略

植物的养护需要耗费一定的人力资源、水资源，以及其他材料、设备，所以好的设计必须要方便养护。

第三节 软质景观要素更新提质

一、固本强基策略

软质景观与生态有更多的交集，决定了人居环境景观的绿植更新提质依托本土基础提供支撑内容，需要实现景观的就地改善，从而使生态环境的优化得到保障。因此，固本强基是绿植系统元素提质的策略。设计师要巧妙地利用现有绿植元素，实现绿植的适应性、长期生长的效果；就现有的植被进行整改，扬长避短形成景观；增植或增加新品种，使景观更新提质效果焕然一新。

二、锦上添花策略

人居环境景观的绿植更新提质是在原有景观基础上的更新，锦上添花策略是对自然和历史的尊重，因势利导地用好固有植物；新增绿植很好地与环境配合，充分利用新增绿植的观赏特性，使其成为景观的新生力量，使景观效果达到新的高度。

三、巧用绿植策略

人居环境景观的绿植更新提质，是为了建构更加舒适、优美的生活、休息、游乐环境，使环境品质有质的飞跃。绿植系统担负着多方面的功能，有面向生态的，有面向人的活动体验的，还有面向人文与乡愁的，需要采用巧用绿植策略。例如，巧妙地选取树种，能让冬季树叶落尽，地面洒满阳光；夏季树上树叶丰满，形成大片遮阴。以此满足人们不同季节的户外活动需要，让人感受文化、回味乡愁。

四、避免单调感

景观绿化系统元素因自带生态性，同时也具有自然丰富多彩的美。单调的布置绿植，与其优秀的特性相违背。绿植系统元素的设计需要避免单调感。例如：空间形式方面避免刻板的行列布置；合理安排乔木、灌木、草本及花卉的立体搭配，有序地形成景观空间视线；在树木种类上适度搭配，宜成片则成片种植，宜成丛则成丛种植，避免混杂凌乱。总之，从视觉体验的角度控制繁与简，避免单调感。

第四节　硬质景观要素系统及其设计

一、硬质景观要素的设计原则

第一，景观整体决定原则。硬质景观要素多为人造景观，支撑着大多数使用者的活动，也是景观整体的重要勾勒者。所以硬质景观要素应服从于景观整体，随景观整体的需求而定（图4.4.1）。

图4.4.1　利用环境禀赋的硬质景观

第二，响应功能原则。硬质景观的重要功能是响应居民对生活品质的追求，对应使用者的体验需求，满足生态功能要求，因此响应功能原则是硬质景观要素的设计原则之一。

第三，协调配置原则。硬质景观的公众性、多功能性、体验性及多维度性，要求硬质景观要素设计必定遵循协调配置原则。

二、硬质景观要素的设计要点

第一，把握造景的主体：自身的环境禀赋决定了景观整体形态是以自然景观为主，还是以人工景观为主，或者二者兼有。硬质景观要素设计要顺应环境整体形态走向。无论采用统一协调，还是采用对比协调的形式构成，硬质景观要素设计都要选择趋于自然的形态或者人工的形态。设计需要目的性明确，才能保障硬质景观要素有利于景观整体营造。

第二，恰当的空间尺度：硬质景观要素与植物等软质景观的生长、变化特点不同，硬质景观要素位置固定、形态稳定，与人的活动更为贴近，所以硬质景观要素对空间的形态是刚性的支撑，需要注重其对空间的构成作用，通过恰当的尺度，增加人们活动的舒适感（图 4.4.2）。

（a）大尺度的入口牌坊　　　　　（b）小尺度的牌坊

图4.4.2 硬质景观恰当控制空间尺度

第三，充分支撑活动需求：人们通过视觉、触觉、嗅觉等获得对外界事物的感知，视觉和触觉在景观环境中的使用最为突出。由于公共性带来了活动的多样性，因此对硬质景观要素能否充分支撑各式各样的活动需求提出要求。例如，园路可以作为散步用，也可以作为跑步用；可以作为赏景用，也可以作为歇息驻足用，在设计时需要充分考量。

第四，精湛的材质工艺：景观的赏心悦目，意味着其带有某种吸引力，令人向往。作为人造的硬质景观（也存在非人造的硬质景观），精准选材、精湛用工是增加景观美感和吸引力的方法（图4.4.3）。

图4.4.3　工艺材质精湛的硬质景观细节

第五，实质性落实生态理念：在景观方案设计中，生态方面的理念受到关注，设计师必须做到全方位贯彻。硬质景观要素大多为人工景观，与自然生态存在距离，因此硬质景观要素设计的关键是真正落实生态理念。

三、硬质景观要素的设计策略

第一，地域策略：作为人工景观的硬质景观要素，与自然气候、场地环境有所不同，恰当的硬质景观要素设计，需要使用匹配地域环境的策略。例如，考虑日晒的小气候特点设计硬质铺装，考虑阳光的投射确定景墙的色彩，考虑生态背景选择花基的样式，等等。

第二，空间策略：硬质景观要素作为活跃的造景元素，与景观空间整体相辅相成。由空间整体推演硬质景观要素的样式，题材选择、形态组合、视线引导、尺度对比等空间构成手段，是硬质景观要素设计的优选策略。

第三，细节策略：细节决定成败，硬质景观要素的材质、色彩、肌理会影响体验者的直接感受，注重细节的实现必定是景观设计绕不开的。

第五章　景观规划设计全程

人居环境景观设计是多种技术的综合应用、协调的过程和成果，是规、建、用、管全程统筹的过程，包括生态、规划、土建、市政，以及人文与艺术等。具体工作涉及城市规划、交通市政、园林、建筑和水利水电等技术领域，设计工作还需要考虑调查、勘测、设计、施工、保养、维修等营造和运行的全过程需求。

第一节　景观营造和使用全过程

一、景观项目的建设全流程

新建人居环境景观项目的建设流程与一般土建工程类似，其建设流程一般经历项目立项、规划设计、施工建设及后期运行管养。由于人居环境景观项目中生态与植物生长的动态特点，因此其项目全流程的后期运行管养也十分关键（图 5.1.1）。

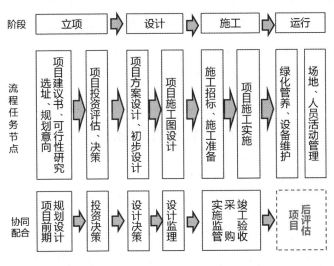

图5.1.1　一般景观项目建设全流程图

人
居
环
境
景
观
更
新
提
质
设
计
方
法

二、景观项目的建设与运行的动态性特点

（一）自然环境的动态性

处在自然环境中的人居环境景观受自然气候、生态环境等自然因素变化的影响，其营造和使用程序有动态变化的特点。建造过程受风霜雪雨等天气条件限制，需要适时而作；植物种子受植物本身的习性和季节的影响，需要适时而种。

（二）人员使用活动的动态性

景观建成之后，人们的活动因春夏秋冬不同季节而不同。春季踏青、夏季纳凉、秋季登高、冬季玩雪等不同的活动，导致配套设施和服务的变化。日常中更因早晚天气变化，人们的活动变得不同；节假日的人流聚集同样呈现动态的特点。

（三）社会发展需求的动态性

同样的景观场地，面向不同时段的人群、社群的活动，其所需配套设施及文化氛围不同，面向老年人的适老景观氛围与面向儿童、青年的景观不同。社会经济和文化发展进步也不断地对景观提出新的要求。改革开放初期的景观围绕绿化建设，有绿化就满足基本的景观需要。20世纪90年代提出"绿化、美化"，则在绿化的基础上增加形态亮点、看点。如今则增加了生态文明的内容，增加了生态可持续和人文关怀的要求，如保护生态环境、设置海绵设施、关注适老适幼，营造全龄化的环境，刻画乡愁和历史记忆，更有网络化、智能化的服务与设施等。

第二节　景观规划设计阶段

一、景观规划与设计程序

设计程序是指在设计工作中，按时间顺序安排设计步骤的方法。设计程序是设计人员在设计实践中发展出来的对既有经验的规律性总结，其内容会随设计活动的发展而不断更新。景观设计的复杂性、涉及内容

的多样性，导致其设计步骤的冗长。因此，成功开展景观设计工作的前提和提高设计工作效率的基本保障是建立合理的秩序框架。总体来说，景观设计从业主提出设计任务书到设计实施并交付使用，其程序可分为五个阶段，即需求分析、方案设计、扩初设计、施工图设计、实施技术服务（图5.2.1）。

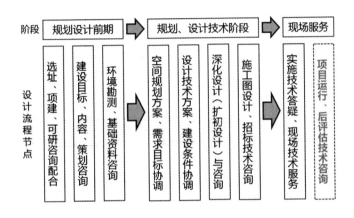

图5.2.1 新建景观项目规划设计流程图

（一）规划设计前期

1. 项目立项与规划阶段

在人居环境景观建设之初，首先要项目立项。项目立项包括项目建议书、可行性研究、项目的相关规划编制或用地规划许可、项目的投资估算等工作。项目立项与规划阶段的任务是确定项目的目标、性质、规模和重点，并为后续工作提供依据。

2. 勘测和设计阶段

开始设计前需要进行勘测工作。勘测工作包括对地形地貌、生态、土壤、水文等自然要素的勘测和分析，确定景观工程施工所需的基础条件。

3. 设计准备阶段

设计准备阶段主要包括与甲方进行广泛深入的交流，了解其需要和设想。然后接受委托，签订设计合同，明确工作安排；或者参与投标，依照中标结果拟定设计合同及工作安排。明确设计任务和要求，明确设计周期限，制订设计进度计划，协调安排各有关工种的配合。贯彻任务要求，确定有关技术规范和标准；结合有关调研，整理设计基础资料，研究和把握大的技术问题等。

（二）景观技术设计

景观设计的核心技术工作包括需求分析、方案设计、扩初设计、施工图设计、实施技术服务。

1.需求分析

景观设计始于对场地范围内的人、自然生态的了解和分析。这一阶段主要包括对设计目标的明确，对场地的实地考察，对使用者需求和期望的整理，对自然生态现状及维育需要的判断，以及对周边环境和区域规划的了解。此阶段的目标是找出设计的限制条件和挑战，为后续的工作提供指导。

2.方案设计

景观方案设计的步骤可以细分为概念设计、方案设计、方案深化与优化。

（1）概念设计：在需求分析的基础上，设计师会提出多种概念设计方案。这些方案会综合考虑功能需求、生态需求、审美需求和经济技术可行性。概念设计阶段是整个设计过程中最具创新性的阶段，主要目标是提出一个独特、新颖且可行的设计理念。

（2）方案设计：在确定设计概念方案后，进入方案设计阶段。方案是设计技术的灵魂，统领项目的设计全过程。此阶段将详细进行景观总体形态的谋划、空间布局、生态与植物安排、活动功能安排、要素配置，以及实施要点、难点的界定。同时，进行初步的造价估算，为后续的施工和项目管理提供基础文件。

具体工作如下：在设计准备工作成果基础上，进一步分析、研究设计设想的契合度，开展与业主等的沟通交流；开展多方案比较，最后完成方案设计。这一阶段包括方案构思立意、方案形成、方案修改深化等几个步骤。景观设计方案的技术成果文件一般包括图纸文件和说明文件两部分。

（3）方案深化与优化：在重大项目中需要进行方案深化与优化，人居环境景观多数为面向公众、与周围重大建设配合的项目。一个方案初步形成时，多少会有不足之处，还需要反复推敲与修改才能趋于完善。环境空间设计包含技术、艺术、社会、文化等诸多方面的因素，因此必须进行反复的考虑和斟酌。特别是在基本形体出现后，还要进一步进行调整。调整的要点是必须把握整体，处理好整体与局部的关系、局部与局部的关系等，调整后的方案应该更加完善。

方案深化工作涉及具体的形态、尺度、详细的形象及其他技术性问题，从细部设计中深化方案的意图。在制定人居环境景观设计方案时，确实应当秉持多维度、全方位的考量策略，以最大限度地减少方案中的不合理因素，确保最终设计成果既实用又美观，同时符合生态与文化的多重需求。这要求设计团队在方案形成后，不断进行自我审视和外部反馈收集，通过专家评审、公众咨询等方式，广泛听取各方意见。

方案优化工作主要围绕细化回应各种需求，深化设计主题、挖掘利用各种资源、对比与选定优势技术要素，对细节精心打磨，形成相对完美的设计方案。

3. 扩初设计

扩初设计是指就方案的技术扩展和施工图进行初步性的设计，是对方案设计进行细化的一个过程，需要在方案设计的基础上对各个子项的设计进行深化和完善。就各项要素的空间定位、尺度、规格、数量、主要做法及造价形成规范化的设计文件。扩初设计是连接方案设计与施工图设计的桥梁，具有承上启下的作用。当景观设计工程项目比较复杂、技术要求较高时，需要进行扩初设计，对方案进行深化，保证其可行性。同时进行造价概算，然后再送有关部门审查。但是，如果景观设计涉及的其他专业工种提供的技术配合相对比较简单，或设计项目规模较小，方案设计能够直接达到一定深度，那么方案设计在送交有关部门审查并基本获得认可后，就可直接进行施工图设计，此时扩初设计阶段可以省略。

4. 施工图设计

相对于方案设计阶段中的草图设计以方案构思为主要内容，方案设计出图以图面的表现为主要内容，施工图则以"标准"为主要内容。如果缺乏标准控制，即使有再好的构思或表现，都难以成功实施。施工图设计是设计师对整个设计项目的最后决策，以材料构造体系和空间尺度体系为基础，必须与其他各专业工种进行充分协调，综合解决各种技术问题，向材料商和承包商提供准确的信息。施工图设计文件较方案设计更为详细，需要补充平面布置、节点详图和细部大样等图纸，并且编制施工说明和造价预算。一套完整的施工图纸应该包括三个层次的内容，即界面材料与设备位置、界面层次与材料构造、细部尺度与图案样式。

界面材料与设备位置在施工图里主要表现在平立面图中。与方案图不同的是，施工图里的平立面主要表现地面、墙面、顶棚的构造形式，以及材料分界与搭配比例，标注灯具、供暖通风、给水排水、消防烟感喷淋、电器电信、音响设备等各类管口的位置。界面层次与材料构造在施工图里主要表现在剖面图中，是施工图的主体部分。剖面图绘制应详细表现不同材料和材料与界面连接的构造，以及不同材料衔接的方式。细部尺度与图案样式在施工图里主要表现在细部节点详图中。细部节点是剖面图的详解，细部尺度多为不同界面转折和不同材料衔接过渡的构造表现。

施工图设计阶段主要形成现场施工所需的设计文件。一般包括系统说明，各种尺度的平面图、立面图、剖面图，以及施工需要明确的节点做法图等。这些图纸将用于指导施工，保证项目的准确实施。

5.实施技术服务

在设计实施阶段，大部分设计工作已经完成，项目开始施工，但是设计师仍需高度重视，否则难以保证设计达到理想的效果。在施工阶段，设计师需要与施工方密切配合，确保施工过程与设计意图一致。同时，解决施工过程中遇到的设计问题，并对必要的修改进行及时的反馈和调整。在此阶段，设计师的工作常包括：在施工前向施工人员解释设计意图，进行图纸的技术交底；在施工中及时回答施工队提出的涉及设计的问题；根据施工现场实际情况提供局部修改或补充，进行装饰材料的选样工作；施工结束后，会同质检部门与建设单位进行质量验收等。

竣工验收属于设计实施技术服务的一部分。项目完工后，设计师需要参与项目的验收工作，对完成的项目进行评估，确保其符合设计的要求和预期。此阶段会对项目的整体效果进行评估，并对施工过程中的问题进行总结和反馈。

第三节　景观建设实施的过程

一、景观施工实施过程

景观工程作为人居环境的重要组成部分，其实施效果直接关系到人居环境的面貌、居民生活的品质及生态环境。人居环境景观项目的施工从参与招投标获得项目实施授权开始，主要阶段为施工前期、配套工程施工、主体施工、竣工验收等。由于景观项目多数含有生态培育与植物种植等动态要素，因此景观项目实施与一般土木工程项目的施工不同，需要考虑长时间的植物管养与维护。

为达到预期的效果，其施工过程需严格遵循一套科学的程序。景观工程实施的主要过程包括以下五个步骤：①项目承接（包括参加投标）；②施工准备阶段；③施工阶段；④竣工验收（交付）；⑤延续管养（图5.3.1）。

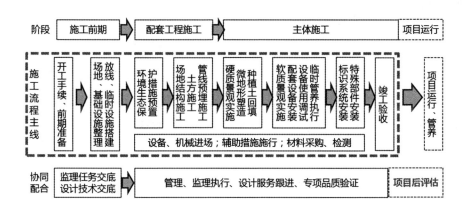

图5.3.1　景观项目施工流程图

（一）项目承接（包括参加投标）

通过招投标、合同委托确定景观工程的任务内容、投资造价、建设工期等要求，并以合同约定各方的责任、权利与义务，建设进程及技术支持，准备资金、人员、设备及场地等施工条件。

配合建设单位核对工程的相关条件，如用地范围、实施界限及其他环境条件。

（二）施工准备阶段

在景观工程具体施工前，制定施工方案、施工组织设计。组织设计方进行技术交底与衔接。技术交底是指设计单位与施工单位进行交流，明确设计意图、技术标准、工艺要求、材料规格，以及对设计问题进行答疑解惑等。开展场地准备工作，如场地清理、平整、加固及土壤改良，依照设计进行放线，核对环境条件，排查重要技术问题。

（三）施工阶段

安排软质景观、硬质景观的设计实施，结合施工方案统筹开展生态工程、土方工程、绿化工程、隐蔽工程、主体工程、安装工程、养护工程的具体实施。根据设计文件，对主要材料进行选型、采购、定制等；根据技术要求，逐步进行检验、校准与调试。

（四）竣工验收（交付）

竣工验收和交付阶段，包括对项目的质量、安全，合约的执行及环保等方面进行检查和评定。完整的验收过程包括自检验收、初步验收、竣工验收等。初步验收是甲方单位组织检查工程是否达到设计与合同约定的要求。竣工验收是质量建设单位、监督部门、设计单位、监理单位等共同参与进行的全面验收，是工程质量法规程序性步骤。

资料归档是竣工验收的重要环节，整理施工全程的必要资料以备后续查阅。

（五）延续管养

景观工程施工后，一定时间的绿化养护工作对工程质量至关重要。园林工程施工的绿化养护工作，是对项目业已形成的成果进行养护，确保成活率与景观效果，特别是对植物和生态进行维护和养护。景观管养工作包括设施维护、设备保养、浇水施肥、修剪整形、病虫害防治、清洁保洁及特殊功能的看护等。

二、景观的更新提质实施

人居环境景观的更新提质工程实施与一般景观工程类似，其过程与一般景观工程的过程类似；多数的人居环境景观的更新提质活动处在持续运行中，需要配合实际使用运行情况，细致安排每个实施步骤。包括项目承接、施工准备阶段、施工阶段、竣工验收、延续管养等五个阶段。景观更新提质是在一定的本底上进行的，包括对现状的利用，需要就存在于施工环境中的其他持续性使用需求进行协调。例如：老旧小区的更新提质，需要对住户的正常使用进行协调；街道品质提升，需要与交通通行需求进行协调；绿地提质，需要对固有绿植进行保护和协调。因此，景观更新提质的施工比一般工程更为复杂、烦琐。

景观更新提质工程的施工准备阶段、施工阶段及延续管养较一般工程有较大区别，如环境混杂、施工安全要求高；与现状保留的元素衔接，对施工工艺要求高，临时设施与准备的使用多；与现状使用并存，对施工效率和工期安排要求高，在施工班组、作业组织、时间利用上更为复杂；施工环境复杂，动态变化多，协调工作量大等。

三、景观实施优化的 EPC 模式

景观实施中的设计优化出现在 EPC 模式的项目中，EPC 模式是基于设计与施工一体化的项目管理模式。通常，EPC 是以设计为中心，按照"设计—采购—施工"的程序来组织实施，即将设计、采购、施工等有机结合。景观施工 EPC 模式以设计为中心，以工程总承包模式来组织工程项目实施，设计工作贯穿项目的全过程，即对景观工程的设计和施工进行全过程的协调和管理。能优化资源配置，最大限度地发挥各方面的技术优势，形成满意的景观建设成果（图 5.3.2）。

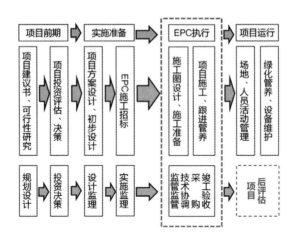

图5.3.2　新建景观项目EPC建设流程图

（一）全程匹配需求原则

在景观设计过程中，设计师需要对项目整体进行把控，充分考虑整个项目的条件特点，进行合理的筹划。保证整个设计方案能够与甲方需求、质量控制标准相匹配。

在 EPC 模式下，技术人员需要制定施工方案，并对各个施工环节进行统筹安排，保证整个景观设计的效果。在对工程项目的整体情况进行了解后，设计师可以选择合适的施工方案，如将生态维育实施、绿植配置先后进行统筹，对特色元素进行现场试样等。最后，设计师需要与相关单位进行沟通，协调好各个环节之间的关系。景观设计还要与工程建设周期相一致，满足工期要求，从而保证整个项目能够顺利完成。

在 EPC 模式下，设计师在进行景观设计时，需要对当地的文化进行充分了解，将文化与建筑相结合，将景观与历史相结合，从而提高景观设计的质量。例如，在进行场地平整工作时，要将场地中的古树保护起来，对原有建筑进行保护。在进行景观设计时，要对当地文化进行充分了解，将当地的人文特色融入景观设计中。在对历史古迹进行保护时，可以运用现代技术对历史古迹进行展示。

（二）因地制宜，注重环境资源的利用

在 EPC 模式下，设计师应在设计阶段就与施工方进行深入沟通，使其在工程建设中能够根据景观设计原则开展相关工作。此外，设计师应结合项目的实际情况，因地制宜地开展工作，避免一味追求与周边环境相融合的效果，而导致景观工程无法投入使用。例如，了解当地的地形地貌、植被、水文和地质等情况，以确保景观设计与周边环境相融合。最后，设计师还要充分考虑项目所在地的文化特色和风俗习惯，利用好周边建筑物及构筑物等相关设施，避免景观设计对周围环境造成不良影响。

（三）提高景观实施成果质量

景观建设要以满足人们的需要为基础，为人们提供一个舒适、优美、独特的空间。

为了实现这一目标，需要控制景观实施成果质量，通过 EPC 工程总承包模式，使设计与现场实施密切配合。围绕既定的目标要求和技术标准，进行设计与施工的互动调整，以获得完美的成果。

（四）发挥优势维育生态

采用 EPC 模式对景观生态维育具有独特的优势，主要表现在生态本底的保护和维育、新添绿植的培养和成型两个方面。首先，由于自然生态敏感性和脆弱性的特点，需要施工精细谋划、细致呵护，最大限度地保护和维育生态现状。其次，新添绿植更是需要一定的管养过程，并结合管养效果做出相应的调整。在新添绿植与其他硬质景观配合建设时，更能体现 EPC 模式的协调优势。

（五）更好地实现景观更新提质

景观更新提质的共同特点就是在固有的景观上进行整改、补充甚至建造。人居环境景观的范围广、接触面大，其更新提质过程一般与其他功能同时存在，如街道的提质过程与持续不断的交通同在，建筑风貌的提升与人们的居住同步，口袋公园的建设与居民生活并存，生态环境的改善与本底保护相续，等等。正因为与其他功能运作并存，所以景观更新提质需要 EPC 模式，实现从设计到实施的及时协调。景观设计与实施协调应与片区

需求的动态契合。例如：局部生态改善，带来鸟类活动的增减需求，这种自然形成的需求，要求设计补充完善；成片老旧小区的更新提质中，居民对口袋公园的用途理解不透彻，随意攀爬、肆意采摘，甚至乱停、乱堆等与环境功能不相符的行为时有发生，要求设计增加指引标识，与居民协商形成共识。EPC 模式的景观更新提质，适当地进行动态协调是完整提质的一部分。EPC 模式的灵活性，设计施工的整体责任性，是实现高质量景观更新提质的一种机制。

总之，EPC 模式为景观设计师提供了更多的机会和更好的平台，通过 EPC 模式，可以实现景观设计师与施工单位之间的紧密合作，促进景观设计师与施工单位之间的沟通和协调。

第四节　景观的运行和管理阶段

一、景观运行管理的特点与策略

（一）特点

景观运行管理的特点是以公共性、生态性、体验性、安全性和环境价值为目标。

景观运行管理的基础条件与规划设计、建设和后续投入有关，在规划之初确定性质、服务对象、功能、规模等，可以逐步影响后续的维护与管理，景观设计的各种具体配置决定了景观的运行、维护与管理的具体操作。工程质量直接关系运行管理的难度，景观建成交付使用后，由于使用人群的进入，对环境容量形成实际的负荷，以及自然气候变化等因素，需要进行景观运行、维护与管理的工作，运行管理的投入也随之加大。

因此，高质量的景观运行管理依赖于规划、设计、施工及运行管理本身的质量发挥，受景观营造的全过程各个阶段的质量控制影响。景观环境本身在使用过程中也存在一定的动态性变化，如季节、气候、特色天气、人员活动等影响着景观环境的变化。因此，运行管理具有长期性、持续性和动态性的特点（图 5.4.1）。

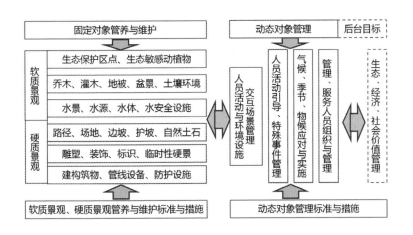

图5.4.1　景观项目运行管理流程图

（二）策略

景观的运行和管理需要从大区域的宏观尺度开始，才能整合优化资源，提高效率和服务水平。例如，人居环境区域生态、居民与游客活动需求、区域苗木与种源、区域管养资源、区域应急预案、区域景观管理制度。

对自然生态环境、人工环境、人力与设备资源，面向多功能需求、多层级管理传递和多类型、多要件资源进行有序的调控，构建和优化综合景观管理系统。例如，区域宏观把握、集结和优化资源，建章立制确保管养水平，前瞻协调应对气候和生态问题。

二、微观的景观管理

（一）软质景观管养

（1）绿植管养：根据植物的生态习性，结合季节变化实施管养，如浇水、施肥、松土、除草、修剪、病虫害防治，补种、清理死树，管控病树、病株，绿地的地表给排水疏导、排涝，等等。

（2）水景维护：安全改善水质，维育水生植物、动物，排查水安全隐患，进行设施维护，地表给排水疏导、排涝，以及维护特别的水景，如喷泉、叠水、溪涧等。

（3）生态维育：巡查动植物的变化，采取应对措施。

（二）硬质景观管养

（1）环境保洁：场地保洁、设施除尘、卫生设施维护、垃圾处理等。

（2）硬景维护：硬质景观与设施的色彩翻新和修复，标识系统的维护及增补。

（3）设备管养：对给排水、电力、广播、通信等设备的维护。

（三）人员活动引导

结合实践运行，对景观的使用者进行必要的引导，如深化、细化，甚至调整标识牌的指引，并增加安全警示，以及对达到使用峰值的人流进行引导等。

（四）周边环境协调

为了更好地发挥景观的辐射效应，需要对地域周边环境进行协调，保持景观空间的良好运行。

（五）管理活动的自身管理

景观的养护、培育等管理活动本身也是景观的参与活动，需要对管理活动自身进行管理。例如，施肥、除草、改良土壤等有一定排放的活动，需要避开人员使用高峰期，才能使景观完美呈现。

第五节　使用后评价方法的牵引作用

建筑的使用后评价简称为 POE，最早出现于 20 世纪 60 年代的英国，是基于社会心理学和环境行为学等相关学术理论而发展形成的一种以建成环境为评价对象的评价方法。该方法着重关注使用者的需求，整合社会学及统计学的方法，就人居环境使用者对其所处环境的感受及评价，进行系统性的数据收集、分析，了解使用者对环境的真实需求和价值导向，以此指导环境的优化提升，并为相关研究、设计提供科学、准确、真实的依据。

20 世纪 80 年代，皮埃尔（Puel）在其著作《使用后评价》一书中对 POE 做了如下定义："在建筑建造完成并使用一段时间后，严格地对建筑开展系统性的评价过程，使用者的使用需求是 POE 着重关注的内容，而建

筑设计的成功与否以及建成后建筑的各项功能，这些都会为未来的建筑研究、设计提供资料基础。"皮埃尔在 POE 操作基础上提出"计划、执行、运用"的评估程序三个阶段。使用后评价是对正在被使用的建筑或者环境进行研究，能给人居环境景观设计、建筑、运行带来帮助。我国在 20 世纪 80 年代引入 POE 研究理论，最初应用在建筑领域，之后逐步扩展到城市规划、风景园林领域。随着近几年的发展，POE 理论在景观设计领域的应用越来越广泛。在人居环境景观更新提质之初，借助使用 POE 方法进行需求研究，有助于增强人居环境景观更新提质的针对性和满意度。

人居环境景观使用后评价主要涉及以下几个方面。

第一，功能完善性与使用满意度。

功能完善性：评估景观是否满足了设计之初所设定的各项功能需求，如休闲、娱乐、观赏、生态等。检查人流、交通等是否畅通无阻，各类设施是否齐全且运行正常。

使用满意度：通过问卷、访谈等调查方式收集用户意见，了解使用者对景观环境的满意度，将其与设计进行对照，从而发现设计、建造、使用中存在的问题，为后续的改进提供依据。这种做法对于历史形成的环境同样有效。

第二，视觉感知与文化性评价。

视觉感知：评估景观的视觉效果，包括空间布局、形态系统、视觉体验及心理感受等方面。一个成功的景观应该能够给人以舒适的视觉体验、良好的心理互动。其中带有不同使用者的主观因素，开展调查评价更有现实意义。

文化性评价：分析景观是否具有独特的文化表现力，能否体现地域文化、历史传承等特色。由于设计者与使用者的文化认知不同，大众与小众的文化需求不同，进行该项调查，有利于用客观数据达成对公共空间的共识。由于文化性调查题材广泛，隐性的需求偏多，所以开展文化性评价最好是大面积、大范围地集中调查研究，能够准确地得出结论。

第三，生态效益与环境影响。

生态效益：评估景观对生态环境的贡献，如生态环境的整体状况、生态稳定性、动植物多样性、植被覆盖率等。同时，还需关注景观及活动对生态环境的保护和促进作用。

环境影响：分析景观周边环境的影响，如景观对噪声、空气质量、水土流失等方面的影响。确保景观建设有助于降低污染、改善环境，避免造成负面影响。

第四，维护成本与社会效益。

维护成本：评估景观的维护成本，包括日常养护、设施维修、人力和能源消耗等方面。一个成功的景观设计应该注重降低后期的维护成本。

社会效益：分析景观对社区文化、居民生活、区域形象等方面的作用。一个优秀的景观能够提升区域形象，增强居民的幸福感和归属感。

基于以上各方面的评估结果，对景观进行综合评价，指出景观的优点和不足，为后续的改进提供方向。使用后评价方法对景观营造全过程的各个阶段进行分析评价，针对评估中发现的问题和不足之处，提出具体的改进建议。这些建议可以包括优化景观设计、完善功能设施、加强生态保护等方面。其中，最迫切的是涉及景观使用安全问题的改进建议，其有利于设计、施工、保养、维修等营造和运行各个环节的改进和及时补缺。

参考文献

[1] 尤南飞. 景观设计[M]. 北京：北京理工大学出版社，2020.

[2] 吕桂菊. 景观设计方法与实例[M]. 北京：中国建材工业出版社，2022.

[3] 王彤云. 现代景观规划设计[M]. 延吉：延边大学出版社，2020.

[4] 张杰，龚苏宁，夏圣雪. 景观规划设计[M]. 上海：华东理工大学出版社，2022.

[5] 李成奎，孙秀慧，王彩玲. 园林工程与景观艺术[M]. 长春：吉林科学技术出版社，2022.

[6] 赵学强，宋泽华，王云飞. 文化景观设计[M]. 北京：中国纺织出版社有限公司，2022.

[7] 马新，王晓晓. 城市道路景观设计[M]. 重庆：重庆大学出版社，2022.

[8] 谢科，单宁，何冬. 景观设计基础[M]. 2版. 武汉：华中科技大学出版社，2021.

[9] 张雅卓. 城市水景观[M]. 天津：天津大学出版社，2021.

[10] 苏宇. 景观设计实训[M]. 南京：江苏凤凰美术出版社，2017.

[11] 毛静一，王杰. 景观公共艺术设计[M]. 长春：吉林人民出版社，2021.

[12] 高颖. 社区景观设计[M]. 天津：天津大学出版社，2021.

[13] 王江萍. 城市景观规划设计[M]. 武汉：武汉大学出版社，2020.

[14] 陆娟，赖茜. 景观设计与园林规划[M]. 延吉：延边大学出版社，2020.

[15] 龙燕，王凯. 建筑景观设计基础[M]. 北京：中国轻工业出版社，2020.

[16] 刘彦红，刘永东，陈娟. 居住区景观设计[M]. 武汉：武汉大学出版社，2020.

[17] 王川，孟霓霓. 景观设计教程[M]. 沈阳：辽宁美术出版社，2020.

[18] 卢月桂. 住宅区景观设计的人性化理念与应用[J]. 住宅与房地产，2023（36）：83–85.

[19] 施艳萍，李林. 城市更新背景下园林景观设计的优化策略研究[J]. 华章，2023（11）：111–113.

[20] 周卫平. 乡村振兴战略背景下乡村水文化景观设计探究[J]. 南昌工程学院学报，2023，42（05）：29–33.

[21] 刘梦鸽. 城市公共空间景观设计研究[J]. 美与时代（城市版），2023（10）：89–91.

[22] 林雅羡. 城市绿地景观设计[J]. 江苏建材，2023（03）：63–64.

[23] 张文今. 城乡融合背景下的乡村景观设计创新与实践[J]. 居舍，2023（18）：128–131.

[24] 王靖. 现代城市公园中的景观设计理念和思路[J]. 现代园艺，2023，46（06）：72–74.

[25] 王震雷，陈博，李嘉晨. 生态理念在城市滨水景观设计中的应用[J]. 鞋类工艺与设计，2023，3（05）：168–170.

[26] 武让. 纪念性公共景观设计研究[J]. 工业设计，2022（11）：110–112.

[27] 连勇. 人文环境对景观设计的启发[J]. 现代园艺，2022，45（18）：54–56.

[28] 张王赟澍. 景观都市主义视域下城市滨水景观设计探讨[J]. 四川建筑，2022，42（04）：41–43.

[29] 张尔康. 场所精神在城市景观设计中的表达[J]. 现代园艺，2022，45（12）：59–61.

[30] 马艳芳. 地域文化视角下城市景观设计思考与应用分析[J]. 吉林农业科技学院学报，2022，31（03）：39–42.

[31] 陈李斌. 室内公共空间绿化景观设计探究[J]. 现代园艺，2022，45（06）：99–101.